AMA-ZULU

HANS SCHOMBURGK

AMA-ZULU

SÖHNE DES HIMMELS

IM VIEWEG-VERLAG

ISBN 978-3-663-03054-6 ISBN 978-3-663-04243-3 (eBook)
DOI 10.1007/978-3-663-04243-3

Softcover reprint of the hardcover 1st edition 1951

ERSTER TAG

1

Ich treffe zwei Kampfhähne.
Beginne meine Erzählung.
Entdeckungsgeschichte von Natal und Zululand.

Vom blauen Himmel strahlte Wärme spendend die liebe Sonne. Auf meinem Wege zu einem unwichtigen Ziel verführte sie mich zum Träumen. Vor meinen geistigen Augen versanken die Mauern der Häuser, die den Blick beschränkten und gaben meinen Gedanken den Weg frei in weite Fernen.

Traumwandelnd war ich bis zur Handelshochschule gekommen, als mein Gedankenfaden plötzlich abriß. Zwei Hochschüler kabbelten sich lustig auf offener Straße und nahmen dabei fast den ganzen Bürgersteig ein. Ich stoppte unwillkürlich, um nicht mit ihnen zusammenzustoßen, aber schon hatte der eine mich angerempelt. Er errötete und suchte nach einem Wort der Entschuldigung. Doch sein Kumpan rief übermütig: „Kannst du denn nicht aufpassen, du Zulukaffer?" und tippte an die Stirn.

„Mit Verlaub, meine Herren", sagte ich freundlich, weil ich immer dafür Verständnis habe, wo das Kind im Manne sich austoben will, „Sie brauchen sich nicht zu entschuldigen, ich war auch einmal jung. Dagegen werden Sie mir die Frage erlauben, was das Wort Zulukaffer bedeuten soll?"

„Alter Herr", meinte derjenige, der das Schimpfwort gebraucht hatte, „Sie mögen früher etwas anderes dafür gesagt haben, wir kennen für einen Dämlack keine bessere Bezeichnung als ‚Zulukaffer'."

„Na, na", lachte ich, „wenn Sie sich da nicht irren!"

„Wieso?" fragten beide aus einem Mund.

„Allen Respekt vor Ihren sonstigen Kenntnissen" — ich lüftete meinen Hut und nannte meinen Namen, sie stellten sich ihrerseits vor als Peter M. und Heinz W. — „allen Respekt vor Ihrem Schulwissen", fuhr ich fort, „aber ein Zulukaffer ist ein Unding. Denn ein Zulu ist kein Kaffer und ein Kaffer kein Zulu. Jeder von beiden ist Angehöriger eines für sich scharf abgegrenzten Stammes."

Peter kratzte sich hinter den Ohren, Heinz aber sah mich neugierig an und fragte: „Woher wissen Sie das?"

„Oh", meinte ich und tat so gleichgültig wie möglich, „weil ich halb unter Zulus aufgewachsen bin."

Sie sahen mich verdutzt an. „So einer sind Sie also", lächelte Peter höflich und machte zugleich ein Lausbubengesicht.

„Und was treiben Sie jetzt?" erkundigte sich Heinz.

„Jetzt schreibe ich Bücher über Afrika“, erwiderte ich trocken. Sie sahen einander an. Schließlich sagte Peter: „Ihr Name — Sie sind doch nicht —?“

„Ich bin es“, lachte ich vergnügt.

Heinz murmelte eine Art von Respektsfluch, Peter aber schlug sich auf den Schenkel: „Sehen Sie, Herr Professor“ — ich wollte ihn unterbrechen — „nein, nein“, ereiferte er sich, „Sie sind ein Professor für mich — sehen Sie, da will ich nun seit Jahren ins Ausland und am liebsten nach Afrika. Und keiner kann einem erzählen, wie es dort wirklich zugeht. Man weiß, daß die Schwarzen dort wohnen, und man schimpft seinen besten Freund einen Zulukaffer, aber was bedeutet das schon? Das eine ist zu allgemein, das andere ist sogar falsch, wie Sie uns eben gesagt haben. Eines Tages albert man auf offener Straße herum, rempelt einen Afrikaforscher an, hätte die schönste Chance, die sich denken läßt —“ er sah mich drollig und erwartungsvoll an und stieß einen Seufzer aus.

Ich begriff. „Es würde Sie also interessieren, etwas Genaueres über Afrika, beispielsweise über die Zulus zu erfahren?“ fragte ich.

Sie bejahten lebhaft.

„Dann, meine Herren, bitte ich Sie, wenn Sie Zeit und Lust dazu haben, morgen nachmittag um 5 Uhr zum Tee.“

Und ich gab ihnen meine Anschrift.

Mit dem Glockenschlag 5 erschienen andern Tags meine jungen Freunde.

Es dauerte nicht lange, und wir waren in der besten Unterhaltung. Schließlich sah ich mich in einen regelrechten Bericht über die Geschichte der Zulus verwickelt. Ich stellte ihnen das Zigarettenkästchen zur unbegrenzten Benutzung hin, steckte mir selbst eine tüchtige Zigarre an, blickte noch einmal in die gespannten Gesichter und begann etwa folgendermaßen:

„Meine lieben jungen Freunde, Ihr Vertrauen ehrt mich, aber ich möchte doch vor meinen Ausführungen den Ausspruch eines sehr klugen und erfahrenen Forschungsreisenden wiederholen, aus dem Sie dann leider sehen werden, daß es mit meiner Weisheit doch nicht so weit her ist, wie Sie vielleicht glauben. Der Mann hat einmal gesagt: ‚Je länger ich in Afrika bin und je mehr ich mit den Eingeborenen in Berührung komme, desto mehr sehe ich ein, daß ich das Land nie ganz kennen lernen und seine Einwohner nie wirklich verstehen werde. Es ist so, daß ich zu der Überzeugung gekommen bin, daß ich jetzt nach den langen Jahren, die ich im Lande gelebt habe, nur eins genau weiß, nämlich wie wenig ich wirklich vom Lande und seinen Einwohnern je wissen werde.‘ —

Sehen Sie mal, wer so wie ich durch ganz Afrika gereist ist, und sich nirgendwo sehr lange aufgehalten hat, der bekommt doch nur einen Einblick in das Land und seine Geheimnisse. Einige dieser Geheimnisse kann er vielleicht entschleiern, und wenn ihm das gelingt, so hat er schon viel erreicht. Aber nur derjenige, der Jahrzehnte in einem Teil Afrikas zwischen und mit den Eingeborenen lebt, ihre Sprache vollständig beherrscht, nur dem kann es gelingen, wirklich einen Einblick in die Seele Afrikas zu gewinnen.

Alles dies wird bestärkt durch einen Ausspruch, den ich soeben in einer Zeitung gelesen habe und der von einem der größten Afrikaner, nämlich dem Premierminister von Südafrika, dem Feldmarschall Smuts, stammt. Er bezeichnet Afrika in einer Unterredung mit einem Pressekorrespondenten als einen unergründlichen, undurchschaubaren Erdteil, als den ihn schon die alten Römer kannten, als einen Kontinent, von dem man immer etwas Neues erwarten kann. Er sagt weiter: ‚Ich glaube, das ist der Grund, warum der Königsfamilie (dieser Ausspruch wurde während der Reise der englischen Königsfamilie getan im April 1947) die Afrikareise so gut gefällt. Sie spüren das Neue und zugleich Geheimnisvolle des schwarzen Erdteils. Asien, Amerika und Australien kann man, ohne damit Geringschätzung auszudrücken, auf eine Formel bringen, Europa ebenfalls, obwohl man nie weiß, was dort zusammengebraut wird. Afrika aber ist und bleibt ein Mysterium. Afrika hat mit seiner Zivilisationsarbeit am Nil die Maschine des menschlichen Fortschritts in Gang gesetzt. Dann ist es eingeschlafen. Jetzt fängt es an aufzuwachen, wenn mich nicht alles trügt. Wir müssen nur dafür sorgen, daß es beim Erwachen nicht von Alpträumen geängstigt wird ...'

Und wenn das ein Mann wie Smuts sagt, der in Afrika geboren, sein Leben in Afrika verbracht hat, der ‚Oom Jannie', wie er in Südafrika genannt wird, dann brauche ich mich nicht zu schämen, wenn ich von mir, der ich nur zwanzig Jahre meines Lebens in Afrika verbracht habe und die restlichen dreißig Jahre seit 1898 Afrika studierte, heute ruhig sage: Ich habe in Afrika in den Jahren nur einsehen gelernt, daß ich von der Seele Afrikas noch sehr wenig weiß.

Ich habe einige Jahre in Zululand gelebt und war ja auch mit meiner letzten Expedition wieder dort. Gewiß habe ich die Zulu kennen gelernt. Jedenfalls soviel weiß ich von ihnen, daß ich einen Überblick über ihre Geschichte, ihr Leben und ihre Sitten geben kann.

Aber wissen Sie denn überhaupt, wo Zululand liegt?" fragte ich meine jungen Zuhörer.

Verlegen guckten sie einander an. „Na ja", sagte Peter,

„irgendwo im Süden, aber wir wissen es nicht so ganz genau."

„Aber wo Natal liegt, die frühere englische Kolonie, die jetzt ein Mitgliedsstaat der Union von Südafrika geworden ist, das wissen Sie doch?"

Da das „Ja" meiner Besucher etwas unsicher klang, beschloß ich, lieber nicht weiter zu fragen, sondern fortzufahren.

„Von Kapstadt geht es in nordöstlicher Richtung bis nach Durban, dem Hafen von Natal. Hier war es, wo ich im Jahre 1898 zum erstenmal in Afrika landete. Weiter nordöstlich hingestreckt zwischen der Meeresküste und den Drakensbergen zieht es sich dann bis an die portugiesische Kolonie Mozambique heran, das Land der Zulu."

„Und wann sind die ersten Europäer denn hier gelandet?" wurde ich nun gefragt.

„Über die Landung der Europäer in Natal ist ganz genau kaum etwas festzustellen. Die Portugiesen, die unter Vasco da Gama in Südafrika landeten und zwar im Jahre 1485, sind nicht so weit vorgedrungen. Es war zwar Vasco da Gama, der zuerst den Seeweg nach Ostindien entdeckte und um das Kap der guten Hoffnung herum segelte, aber in Natal ist er nicht gelandet, sondern in dem heutigen Kapland.

Welch ein Anblick muß es für die friedlich ihre Herden hütenden Hirten gewesen sein, als plötzlich aus dem Meer, auf dem sie bisher noch nie irgend etwas Lebendes gesehen hatten, Gebilde auftauchten, die größer waren als ihre Häuser, und mit riesigen Flügeln versehen, sich dem Strande näherten. Es konnten nur Geister sein, große mächtige Geister, die gekommen waren, um die Menschen zu vernichten. In Todesängsten trieben sie ihre Herden ins Innere und verkündeten ihren Stammesgenossen, was sie gesehen. Aber die Portugiesen auf ihren Schiffen sahen wohl die Herden, wagten jedoch nicht, eine Landung zu unternehmen.

Es dauerte eine geraume Zeit, bis an der Küste von Südost-Afrika die erste Landung versucht wurde.

Vasco da Gama ging am Kap persönlich an Land und es gelang ihm und seinen Leuten, zwei der Eingeborenen heranzulocken, mit denen sie sich aber nicht verständigen konnten. Es waren kleine gelbbraune Gestalten, deren Sprache aus Zisch- und Klicklauten bestand. Für die Portugiesen waren sie ein unbekannter Menschenschlag, aber sie waren zutraulich und, nachdem sie einmal gesehen hatten, daß die Lebewesen, die aus der schwimmenden Geisterstadt gekommen waren, wirklich Menschen waren, machten sie durch Zeichen verständlich, daß noch mehrere ihrer Stammesgenossen in der Nähe weilten. Die Portugiesen ließen sie deshalb laufen und richtig, schon nach kurzer Zeit erschienen sie mit einer größeren Zahl, der sich auch Frauen und Kinder beigesellt hatten, wieder an der Küste.

Alles wäre sicher zur beiderseitigen Befriedigung verlaufen, wenn nicht auch hier, wie so oft in späteren Jahren, die Unkenntnis der beiderseitigen Sprachen und der damit verbundene Mangel an Verständigung zu einer Katastrophe geführt hätten. Einer der portugiesischen Soldaten, der sich seinen Kameraden gegenüber wichtig machen wollte, ging den herannahenden Buschleuten, denn um solche handelte es sich, entgegen, bekam aber, als er sich den Leuten genähert hatte, Angst vor seinem eigenen Mut und fing an,

eiligst zurückzugehen. Die Eingeborenen, die die Neuankömmlinge als Freunde betrachteten, gingen hinter ihm her und je schneller er ging, desto schneller folgten sie. Der Portugiese fing an zu laufen und schrie laut um Hilfe. Die Buschleute, die keinen Grund sahen, warum der Mann um Hilfe rief und die ja auch die Worte gar nicht verstanden, faßten es als Scherz auf und fingen ihrerseits an zu laufen. Der Portugiese stürzte sich ins Wasser und da kam ihm Vasco da Gama, der gerade an Land gekommen war, mit seinen Leuten zu Hilfe, und da er annahm, daß die Eingeborenen Böses im Schilde führten, stürzte er sich auf sie und schlug wahllos mit seinem Schwerte auf die harmlosen Leutchen ein. Wenn er aber geglaubt hatte, daß die kleinen Menschen vor ihm und seinen gepanzerten und bewaffneten Soldaten Angst haben würden, so irrte er sich, denn sie nahmen, dazu gezwungen, den Kampf auf und verwundeten mit ihren kurzen Speeren den Führer und einige seiner Ritter. Die Portugiesen wurden in die Flucht geschlagen und flüchteten zu ihren Schiffen, von wo aus sie dann mit ihren Kanonen eine Beschießung der Küste vornahmen.

Noch einmal kam es einige Jahre darauf zwischen Portugiesen und Buschleuten zu einem Gefecht, das auch aus einer nichtigen Ursache entstanden war. Der Vizekönig d'Almeida befand sich auf der Heimreise von Indien nach Portugal. Die Jahre, die er dort verbracht hatte, hatten nicht dazu beigetragen, sein an und für sich schon brutales und rücksichtsloses Temperament zu bändigen.

Er ließ in der Tafelbai landen, dort wo sich heute Kapstadt befindet, um frisches Fleisch, Wasser und Früchte einzunehmen. Auch hier waren die Eingeborenen ganz friedlich und zutraulich und es begann ein lebhafter Tauschhandel, der aber eine plötzliche Unterbrechung erfuhr, als ein Soldat einige Messer, die als Tauschobjekte benutzt wurden, vermißte. Der Soldat glaubte, nun mit den Eingeborenen hier ebenso verfahren zu können, wie er es in Indien mit den sanften und friedlichen Indern gewohnt war, und ohne sich zu besinnen, schlug er auf die ihm am nächsten stehenden Eingeborenen ein. Da war er aber an die falsche Adresse gekommen. Es kam zu einer allgemeinen Schlägerei, bei der der Urheber schwer verletzt wurde und nur mit Mühe und Not das Flaggschiff erreichte.

Diese Schmach aber wollten die Portugiesen nicht auf sich sitzen lassen. Es wurde ein Rachezug gegen die Eingeborenen geplant. Alle auf den portugiesischen Schiffen befindlichen Ritter

rüsteten sich zum Kampf, der ihnen als eine gute Unterbrechung der langweiligen Fahrt erschien. Sie glaubten, wie sie es aus Indien gewohnt waren, die Eingeborenen ohne Gefahr niedermetzeln zu können. Aber wie anders sollte dieser Kampf ausgehen. Wenn sie geglaubt hatten, daß sie in ihrer schimmernden Rüstung den Eingeborenen wie aus der See entstiegene Götter erscheinen mußten, denen man gar keinen Widerstand entgegenzusetzen wagt, so hatten sie sich geirrt. Obwohl die Eingeborenen nicht einmal in der Überzahl waren, nahmen sie ohne zu zaudern den Kampf auf und gingen mit ihren kurzen Speeren sofort zum Angriff über. Den Rittern in ihrer schweren Rüstung war es kaum möglich, den leichtfüßigen und geschickt den Schwertstreichen ausweichenden Eingeborenen überhaupt Schaden zuzufügen. Sie wichen aus, griffen an und verstanden es, auch ihre Wurfgeschosse mit Erfolg einzusetzen. Es dauerte gar nicht lange, da verloren die gepanzerten Ritter den Mut und flüchteten zurück zu ihren Booten. Aber ein großer Teil sollte die Schiffe nicht mehr erreichen. Mit Holzkeulen wurden die Ritter niedergeschlagen, um dann mit dem kurzen Assegai abgetan zu werden. Bei diesem Gefecht fielen der Vizekönig und 65 seiner Leute. Dieses Gefecht gab der ganzen Südostafrikanischen Küste einen so schlimmen Ruf, daß die portugiesische Flotte in Zukunft diese Küste mied und erst in Mozambique eine Zwischenstation auf dem Wege nach Indien machte.

Als dann im Jahre 1651 die Holländer sich an der Tafelbai festsetzten, begann man auch vorsichtig nach Nordosten vorzufühlen. Je reger der Schiffsverkehr an der afrikanischen Küste wurde, um so mehr Schiffbrüche ereigneten sich an der Südostküste. Die Erzählungen einiger Geretteter, die unter den unglaublichsten Schwierigkeiten und Entbehrungen die Siedlungen in Kapland erreichten, die aber alle einstimmig die Schönheit und Fruchtbarkeit des Landes rühmten, führten dazu, daß im Jahre 1685 die Holländer die Bucht von Natal, also das heutige Durban, von den Eingeborenen erwarben, aber erst im Jahre

1823 ließen sich die ersten europäischen Siedler dort nieder, während vorher nur einige Schiffe gelandet waren, um Holz und Wasser einzunehmen.

Es war der englische Leutnant Farewell, der auf einer Forschungsexpedition in der Bucht landete und der so von der Schönheit des Landes beeindruckt war, daß er nach Kapstadt zurückkehrte, um die Genehmigung von der inzwischen englisch gewordenen Regierung zu erhalten, dort eine Handelsstation zu eröffnen. Dieser Wunsch ging nicht in Erfüllung. Der Gouverneur verweigerte jede Unterstützung. Aber die begeisterte Beschreibung, die Farewell gab, veranlaßte eine Reihe von mutigen und abenteuerlich veranlagten Leuten, sich ihm anzuschließen. Nachdem sie wieder in der Bucht von Natal gelandet waren, wurde ein gewisser Mr. Fynn abgesandt, um von dem König der Zulu, dem berühmten und fürchterlichen Tschaka, eine Landkonzession zu erwerben."

2

Die Ama-Zulu tauchen aus dem Dunkel der Vorzeit auf. Dingiswayos Geburt und Jugend.

„So, nun sind wir endlich bei den Zulu angelangt. Wir können also das Jahr 1823 als den Zeitpunkt annehmen, von dem an wir Näheres über die allerdings vorher auch nicht gänzlich unbekannten Zulu erfahren haben.

Die Geschichte der Zulu verschwindet im Dunkel des 18. Jahrhunderts. Nach Überlieferungen sind sie von Norden her eingewandert. In jenen Tagen wurde das heutige Zululand noch ausschließlich von den kleinen Buschleuten bewohnt. Auch sie waren von Norden gekommen, entweder durch stärkere Stämme vertrieben oder dem Wilde gefolgt. Aber auch hier sollten sie keine Ruhe finden. Es erschienen die Bantustämme, die man ‚die Menschen, die verschwinden', nannte. Diese Bezeichnung rührt daher, daß sie sich hinter ihren großen Schilden verstecken konnten. Diese Schilde waren es, die ihnen auch einen leichten Sieg über die Buschleute ermöglichten, deren kleine Pfeile von den aus Ochsenhaut gefertigten Schilden wirkungslos abprallten. Rücksichtslos wurden die Buschleute getötet und die Zulu ließen sich in dem fruchtbaren Lande nieder, das ihnen die Möglichkeit gab, ihre großen Viehherden zu weiden, ohne daß sie wie andere Hirtenstämme gezwungen waren, umher zu ziehen, weil das Land nicht genügend Nahrung bot. Hier in Zululand konnten sie ihre Dörfer bauen, und wie sich auch die Viehherden vergrößerten, immer war genügend Gras vorhanden, um sie zu ernähren.

Die Zulu nennen sich selbst Ama-Zulu, Söhne des Himmels. Aber sie waren nicht immer ein mächtiger Stamm, sondern in früheren Jahren eine kleine tapfere Gemeinschaft, die Viehzucht trieb, sonst aber hauptsächlich aus Händlern bestand, die von Dorf zu Dorf zogen, um ihre Waren zu verkaufen. Im großen und ganzen gesehen waren sie nicht einmal besonders geachtet. Ihr Häuptling war selbst im eigenen Stamm nicht sehr mächtig, und schon begannen die Zulus sich in einzelne kleinere Unterstämme aufzulösen, die sich noch dazu gegenseitig bekämpften. Die am Umvolosifluß lebenden Zulu nannten sich Abatetwa und zu der Zeit, von der ich spreche, lebten sie unter ihrem Häuptling Jobe. Damals war aber von den Zulu noch nichts bekannt. Die ersten geschichtlich einigermaßen erwiesenen Nachrichten über sie stammen von einem Häuptling der Bahurutsi, namens Lekweleng, dessen Stamm in der Nähe des später durch Livingstone bekannt gewordenen Ortes Kolobeng lebte. Dieser Lekweleng muß ein für jene gefährlichen Zeiten großer Reisender gewesen sein. Im allgemeinen konnte es damals niemand wagen, das Gebiet seines eigenen Stammes zu verlassen, denn überall herrschte Krieg, und der Fremde, der in den Bereich eines anderen Stammes kam, konnte sich glücklich schätzen, wenn er nur als Sklave gefangen und nicht grausam ermordet wurde.

Aber der tapfere Lekweleng nahm alle Gefahren auf sich und wanderte als unerschrockener Forschungsreisender nach Osten. Auf dieser Reise hörte er von einem Stamm, der sich Matabili nannte und nahe am Großen Wasser lebte. Aller Wahrscheinlichkeit nach handelt es sich hier um den Ursprungsstamm der Ama-Zulu, die damals gerade anfingen, die Küstenstämme zu vertreiben. Die Reise des Lekweleng muß ungefähr in den Jahren 1805/06 stattgefunden haben. Die Bezeichnung Matabili geriet jedoch in Vergessenheit, bis sie später, wie wir sehen werden, wieder auflebte.

Auf einer Reise, die der Häuptling Jobe zum Besuch seiner Indunas unternahm, kam er zum Dorf der Sensangakona. Ihr Gespräch drehte sich, wie bei den Zulus üblich, um ihre Viehherden und die politischen Ereignisse des Landes. Die beiden alten Induna bedauerten den Zerfall des Zulu-Reiches. Sie wußten nicht, daß gerade an diesem Tage ein Kind geboren wurde, das berufen war, die Zulu zu einer großen Macht zusammenzuschweißen und ein Reich zu bilden, wie es kaum ein zweites in Afrika gegeben hat. Während sie dort saßen und eifrig dem Hirsebier zusprachen, das in großen Krügen neben ihnen stand, kam aus einer entfernten Hütte eine alte Frau, beugte sich vor Sensangakona und hielt ihm ein kleines neugeborenes Kind hin.

‚Induna', sagte sie, ‚sieh diesen Knaben an, er ist der Sohn deiner Hauptfrau Gaikana. Es ist ein kräftiger gesunder Knabe und wir Frauen bitten dich, ihn am Leben zu lassen.'

Es herrschte damals die grausame Sitte, daß alle männlichen Kinder der Häuptlinge getötet wurden. Denn oft war es in den Eingeborenen-Reichen vorgekommen, daß die Söhne die Herrschaft erstrebt hatten und nicht davor zurückschreckten, ihre Väter, sei es durch Gift oder auf andere Weise, zu beseitigen. Diese grausame Sitte hat sich auch bei den Zulu noch viele lange Jahre, man kann wohl sagen bis zum Eindringen der Europäer erhalten.

Sensangakona nahm den Neugeborenen in seine Arme und als er den kräftigen Knaben betrachtete, da ging doch ein Schein von Vaterfreude über das sonst für jede äußere Bewegung so unbewegliche Gesicht des alten Induna. Lange Zeit schwieg er. Es galt, einen inneren Kampf auszukämpfen, wollte er der Sitte seines Volkes folgen oder dieses Kind am Leben lassen.

‚Es ist ein schöner Knabe, kräftig und wohlgeformt, er soll am Leben bleiben und er soll Tschaka heißen.' Wie wenig ahnte der Induna damals, daß dieser Name einst nicht nur in Afrika, sondern in der ganzen Welt bekannt sein würde.

‚Sensangakona, du hast einen Fehler gemacht', sagte der Oberhäuptling Jobe, ‚du solltest ihn töten lassen. Du weißt, daß Knaben, wenn sie aufgewachsen sind, Schwierigkeiten und Sorgen machen. Sieh mich an: auch ich hatte einen schönen und kräftigen Sohn, den ich am Leben ließ und, solange er Kind war, freute ich mich über ihn. Dann wuchs er auf und da merkte ich, daß er, mein Lieblingssohn Dingiswayo, versuchte, mir meine Untertanen abspenstig zu machen, um so schneller zur Herrschaft zu gelangen. Da blieb mir nichts anderes übrig, ich gab den Befehl, ihn zu töten. Aber Dingiswayo schöpfte Verdacht. Ich glaube, daß seine Lieblingsschwester ihm meine Absicht verraten hat. Er floh und seitdem habe ich nichts mehr von ihm gehört.

‚Wir alle dachten, daß Dingiswayo tot sei. Es ist das erste Mal, daß ich höre, daß er noch am Leben ist. Aber, Induna, bedenke, bis Tschaka aufgewachsen ist, bis dahin vergehen noch viele Jahre . . .'

Inzwischen wanderte Dingiswayo als Flüchtling von Stamm zu Stamm. Sein Ziel waren die Siedlungen der Europäer im Westen. Aufmerksam, offenen Auges durchreiste er die Länder, von denen er nur in Erzählungen bisher gehört hatte, besuchte Stämme, deren Existenz seinem Volke gänzlich unbekannt war. Er studierte Sitten und Gebräuche, aber am meisten interessierten ihn die europäischen Ansiedler am Kap der Guten Hoffnung. Kein Wanderer brauchte in jenen Tagen in Afrika Not zu leiden, wenn er es verstand, sich mit den Bewohnern des Dorfes, zu denen er kam, gut zu stellen. Gefährlich waren aber die ersten Augenblicke, wo der Fremdling ein Dorf betrat und er darauf gefaßt sein mußte, erschlagen, oder als Sklave gefangen genommen zu werden. Unbewohnte Gegenden boten einem jungen Krieger keine Schrecken, Wild gab es in Menge, so daß er nirgends Hunger zu leiden brauchte.

Die Bantustämme, zu denen ja auch die Zulu gehören, waren inzwischen weit nach Süden vorgedrungen, so daß Dingiswayo keine Schwierigkeiten mit der Verständigung hatte, da die Bantusprachen sich durchweg gleichen und die naturgemäß entstandenen Sprachveränderungen nicht so groß sind, daß sie ein gegenseitiges Verstehen ausschlossen.

So kam Dingiswayo um die Jahrhundertwende in die Kap-Kolonie, wo gerade der zweite von den sieben mit großer Erbitterung geführten Kaffernkriegen tobte. Dieser zweite Kaffernkrieg ging hauptsächlich um den Besitz des Fischflusses. Diese Kriege gaben unserem Wanderer Gelegenheit, sich auszuzeichnen. Er nahm an den Raubzügen teil, überfiel mit den Kaffernstämmen die einsamen Siedlungen, wobei sie große Beute machten. Aber nicht immer waren diese Kriegszüge glücklich. Dingiswayo erlebte, wie eine kleine Anzahl von Buren ohne Furcht sich auf einige tausend angreifende Eingeborene stürzten. Die Buren hatten eine Angriffsart entwickelt, der die Schwarzen nicht standhalten konnten. Sie galoppierten auf die Neger-Regimenter zu, feuerten eine Salve ab und ehe es den Eingeborenen gelang, ihre Speere zu werfen, waren sie davon, luden wieder, um zu neuem Angriff vorzugehen. Wenn einmal die Schwarzen sich zur Flucht wandten, gab es kein Halten und so verfolgte dieses kleine Burenkommando die schwarzen Regimenter und trieb sie über den Fischfluß zurück.

Dingiswayo trennte sich nach dieser Niederlage von seinen Gefährten. Er konnte es nicht verstehen, wie es möglich war, daß solch eine große Menge von ein paar Berittenen in die Flucht geschlagen wurde. Er sann und grübelte und kam zu der Überzeugung, daß es daran liegen müsse, daß die Eingeborenen nicht gewohnt waren, in geschlossener Formation zu kämpfen, sondern jeder für sich, ohne Rücksicht auf das Ganze. Gelang der erste Angriff nicht, so blieb nur die Flucht übrig, da sich keiner auf den anderen verlassen konnte. Alles dies geschah im Lande der Xosa-Kaffern, die im östlichen Teil der Kap-Kolonie lebten. —

Sehen Sie, hier haben Sie nun einmal einen richtigen Kaffernstamm. Und da wollen wir doch gleich mal die Frage klären: was bedeutet eigentlich Kaffer und woher kommt der Name?

Für uns beginnt die Geschichte der Kaffernstämme mit der Landung der Portugiesen in Ostafrika im Anfang des 16. Jahrhunderts. Schon damals hatten sich Araber an der Ostküste Afrikas angesiedelt und ihre Scheichs beherrschten eine Mischbevölkerung, die dem Namen nach mohammedanisch war. Sie unterhielten schon Handelsbeziehungen mit den Bantustämmen im Innern. Und von diesen Arabern stammt auch der Name Kaffer, der nichts weiter bedeutet als Ungläubige. Diese Bezeichnung wurde später von den Europäern aufgenommen und die im Kapland lebenden Eingeborenen, die zur Banturasse gehörten, also nicht die Buschleute und Hottentotten, wurden unter diesem Sammelnamen zusammengefaßt. Die Zulu dagegen, mit denen die weißen Ansiedler ja erst später Bekanntschaft machten, waren davon ausgeschlossen und wurden stets als Zulu bezeichnet.

Nachdem Dingiswayo eine Zeitlang für sich allein im Busch zugebracht hatte, um über all das Erlebte nachzugrübeln, kehrte er zu einem Xosadorfe zurück. Im Dorf waren Händler angekommen. Man sah ihnen an, daß sie eine lange Wanderung hinter sich hatten. Müde ruhten sie auf ihren Lasten.

Dingiswayo erkannte sie sofort als Abatetwa, Händler aus seiner Heimat. Nachdem sie sich ausgeruht hatten, begannen lange Gespräche, denn die Wanderer brachten viele Neuigkeiten aus dem Zululand mit. Für Dingiswayo war die wichtigste Nachricht, daß sein Vater Jobe gestorben war. Noch war kein neuer Häuptling gewählt. Wer sollte es werden? Ein Sohn war zwar da, aber er war jünger und beim Volke unbeliebt. ‚Wie schade', sagten die Zulu, ‚daß Dingiswayo tot ist. Das ganze Volk hätte ihn mit Begeisterung zum Oberhäuptling erwählt.'

Jetzt galt es für Dingiswayo zu handeln. Er war klug genug, um zu wissen, daß er seinen Landsleuten durch etwas ganz Besonderes imponieren müsse, durch etwas, von dem sie in der Heimat erzählen würden und das ihm ohne weiteres dazu verhelfen müsse, zum Häuptling ausgerufen zu werden.

Bei einem Überfall auf eine Burenfarm hatte Dingiswayo einen schönen grauen Hengst erbeutet. Er wußte, daß die Zulu keine Pferde kannten, sie waren und sind bis heute Fußsoldaten geblieben, höchstens daß ein Alter oder Kranker mal auf einem Ochsen reitet. Sattel und Zaumzeug hatten sie

nicht. Er zog dem Hengst den Riemen durchs Maul, warf ihm eine Leopardendecke auf den Rücken, sprang aufs Pferd und jagte im Galopp vor die noch vor dem Dorfeingang lagernden Zulu. Dicht vor ihnen parierte er das Pferd. Erstaunt und erschreckt sprangen die Zulu auf, noch nie hatten sie einen Reiter auf einem Pferde gesehen. Als Dingiswayo auf sie zusprengte, glaubten sie, ein höheres Wesen zu erkennen.

Unbewußt dachten sie wohl an einen Centauren, von dem sie natürlich noch nie etwas gehört hatten. Dingiswayo hob die Hand und rief ihnen zu: ‚Ihr Männer aus meiner Heimat, ihr Abatetwa vom Stamm der Zulu, ich bin Dingiswayo, der irrtümlich in der Heimat Totgesagte. Es gelang mir zu entkommen. Jetzt werde ich in die Heimat zurückkehren, um in der Hütte meines Vaters zu wohnen!‘

Mit diesen Worten wollte er ausdrücken, daß er die Herrschaft des Vaters antreten würde. ‚Geht, eilt zurück in die Heimat, verkündet, daß ihr mich gesehen habt und sagt allen Ama-Zulu, der, der zurückkehrt, kehrt nicht als einsamer Wanderer zurück, sondern er kommt auf einem Tier von großer Stärke und Schnelligkeit, einem Tier, das schöner ist als alle, die ihr kennt und wenn es auch dem Zebra ähnelt, so ist es doch größer und tapferer und ein

Freund derjenigen, die groß und klug genug sind, es richtig zu behandeln.' —

So hat auch dieser Königssohn der Zulu denselben Gedanken gehabt wie lange vor ihm Mohammed, der ebenfalls seine Sendboten beritten machte, weil er wußte, daß sie dadurch nicht nur schneller reisen konnten, sondern auch den Eingeborenen-Stämmen, die sie besuchten, Ehrfurcht einflößen würden und sie dadurch leichter zu seinem Glauben bewegen könnten."

3

Dingiswayo wird Häuptling. Tschaka, der Flüchtling wird Oberbefehlshaber der Zulu-Armee. Dingiswayos Tod.

„Nachdem Dingiswayo wieder am Umvolosifluß im Zululand angekommen war, wurde er mit Begeisterung aufgenommen und zum Häuptling ausgerufen.

Klug und ehrgeizig wie er war, galt sein erstes Bestreben, seinen Stamm wieder zu einer Einheit zusammenzuschweißen und zu diesem Zweck begann er, seine Landsleute eine einheitliche Kriegsführung zu lehren. Die Kämpfe auf eigene Faust hörten auf. Regelrechte Regimenter, sogenannte Impis, wurden zusammengestellt und Offiziere ernannt.

Bei der Ausbildung dieser Truppe schwebte Dingiswayo immer die militärische Organisation der britischen Truppen vor, die er in der Kap-Kolonie gesehen und bewundert hatte. Von jetzt ab galten nur die Befehle der Offiziere und jeder Verstoß gegen die Disziplin wurde mit dem Tode bestraft.

Eines Abends kam ein Fremdling in das Königsdorf. Die Dunkelheit hatte sich über den Kraal gesenkt. Dingiswayo trat aus seiner Hütte und sah sich einem großen, stattlichen jungen Mann gegenüber, der ihm erzählte, daß er vor seinem Vater, der auf ihn eifersüchtig war, geflohen wäre, weil er ihn töten wollte.

‚Ich bin Tschaka', sagte er, ‚Sohn des Sensangakona, und komme zu dir, mein Oberhäuptling, um deinen Schutz zu erbitten.'

Für einen flüchtigen Häuptlingssohn hatte Dingiswayo, der dasselbe durchgemacht hatte, volles Verständnis. Dieser Häuptlingssohn sollte nicht dasselbe Schicksal erleiden wie er und ruhelos als Wanderer durchs Land ziehen. Tschaka wurde in eins der Regimenter eingestellt und seine Tüchtigkeit brachte ihn schnell weiter. Er wurde Offizier, stieg auf zum Kommandeur eines Regiments, und da Dingiswayo seine militärischen Talente kannte, ernannte er ihn zum Oberbefehlshaber.

Es gab genug für Tschaka zu tun. Benachbarte Stämme wurden bekriegt, aber Dingiswayo war klug genug, die Unterlegenen nicht grausam zu behandeln, sondern er nahm sie in seinen Stammesverband auf.

Durch dieses kluge Vorgehen wuchs die Macht des bis dahin so unbedeutenden Zuluvolkes mit großer Schnelligkeit.

Leider sollte sich der kluge Dingiswayo nicht lange seiner Macht erfreuen. Als er bei einem Feldzug gegen einen unbedeutenden Stamm an der Spitze seines Heeres stürmte, brach er, von einem Wurfspeer getroffen, zusammen und starb, bevor man ihn zu seinem heimatlichen Kraal zurückgebracht hatte."

4

Tschaka wird König. Erfindet den Assegai.
Zulu-Impis erobern Südafrika.
Blutdurst und Grausamkeit der Zulu.

„Nun galt es, einen neuen Oberhäuptling zu wählen. Die Krieger hoben den von ihnen vergötterten Tschaka auf ihre Schilde und machten ihn zum König des jetzt starken Zulureiches.

Wie üblich in solchen Fällen, und wie es die grausame Sitte jener Zeit vorschrieb, wurden alle Mitglieder von Dingiswayos Familie durch Mord beseitigt.

Es war die erste Amtshandlung Tschakas, die Namen der Unterstämme abzuschaffen und alle unter seiner Herrschaft stehenden Stämme Ama-Zulu zu nennen. Es galt, ein einheitliches Reich zu schaffen und es sollte keine Erinnerung an die Zersplitterung früherer Jahre zurückbleiben.

Tschaka, ein Mann von großer Intelligenz, grenzenlosem Ehrgeiz, den er mit einer rücksichtslosen Energie vereinigte, ging jetzt daran, das militärische System seines Vorgängers und Lehrmeisters zu verbessern. Als erstes führte er eine neue Waffe ein und zwar einen kurzen Speer mit breiter Schneide, der nur zum Nahkampf verwendet wurde. Er hatte eingesehen, daß die früher benutzten leichten Wurfspieße dazu führen mußten, daß, wenn der Krieger seinen Speer geworfen hatte, er bis auf seine Keule den Kerri, waffenlos dastand und jedem Feind, der noch einen Speer hatte, ausgeliefert war. Dieser neue Speer mit kurzem Griff hatte eine lange und breite Klinge, mit der man stechen, hauen und schneiden konnte. Das erste militärische Gesetz lautete: ‚Wer ohne seinen Assegai aus einem Gefecht zurückkehrt, wird auf der Stelle niedergemacht'. Es wurde eine militärische Disziplin eingeführt, die zu einem blinden Kadavergehorsam führte, der wohl für einige Zeit militärische Erfolge brachte, am Ende aber durch seine sinnlose Zerstörung von Freund und Feind zum Untergang der Zulumacht führen mußte.

Wenn man Tschaka den Napoleon Südafrikas nennt, so halte ich diese Bezeichnung für ungerechtfertigt. Tschaka war unleugbar ein guter Heerführer, aber ein grausamer Despot, der seine Siege nie zum Besten seines Volkes, geschweige der Besiegten ausnutzte. Diese blutdürstige Grausamkeit und der Mangel an jedem friedlichen Organisationstalent führte dann schließlich auch zu seinem Untergang.

Alle in der Nähe wohnenden Stämme wurden schnell unterworfen und ausgerottet. Kein Feind konnte dem Ansturm der Zulu-Regimenter widerstehen. Wer sich nicht durch die Flucht retten konnte, wurde niedergemacht. Gnade hatte es in den Kriegen der Eingeborenen nie gegeben. Die geschulte Tapferkeit der Zulu und die neuartige Kriegführung, sofort mit dem Feind handgemein zu werden, gab ihnen nicht nur dieselben Vorteile, die die plötzliche Überlegenheit der Spartaner über alle ihre Nachbarn ausmachte, sondern machte ihre Siege auch viel blutiger, als sie bis dahin gewesen waren. Jedem getöteten oder verwundeten Feind wurde der Leib aufgeschlitzt, damit, wie es hieß, die Seele entweichen könne.

Immer weiter dehnte Tschaka seine Kriegszüge aus. Er eroberte Länder, vernichtete ganze Stämme. Männer, Frauen und Kinder wurden ermordet. Nur ausgesuchte schöne Mädchen und kräftige Knaben wurden als Gefangene eingebracht, um später im Stammesverband aufgenommen zu werden. Tschaka machte einen großen Teil Südafrikas zu einer Wüste. Natal war früher ein dicht bevölkertes Land und wurde von verschiedenen Stämmen bewohnt. Hätten die einzelnen Stämme nur zusammengehalten, so hätten sie bestimmt selbst dem tapferen Heere der Zulus widerstehen können. Aber wie überall in Afrika, so war es auch hier: Uneinigkeit, Mißgunst und Neid spielten eine so große Rolle, daß einzelne Stämme sich sogar freuten, wenn ihre Nachbarn vernichtet wurden und gar nicht daran dachten, daß sie als nächste herankommen würden.

Über die durch Tschaka verursachten Menschenverluste gibt es einigermaßen genaue Angaben. Er selbst rühmte sich, daß in seinen Kriegen über eine Million Menschen umgekommen seien. Selbst die Basuto, die sich in ihren Bergfestungen noch am längsten halten konnten, verloren in den Tschaka-Kriegen ungefähr 30 000 Mann.

Wie bei den meisten Despoten, so wuchs auch bei Tschaka der Blutrausch mit seinen militärischen Erfolgen. Sein eigenes Volk hatte unerhört unter seiner Grausamkeit zu leiden. Er hielt sich für einen Gott und niemand durfte sich ihm anders als auf allen Vieren kriechend nähern. Seine Regimenter waren zu blinden Werkzeugen geworden, denen er die sinnlosesten und grausamsten Befehle gab. So mußten sie z. B. von hohen Felsen herunterspringen, wobei

Hunderte umkamen; sie mußten durch reißende Flüsse schwimmen, gleichgültig wie viele ertranken.

Tschaka hatte sich mit einer Leibgarde umgeben, die nur darauf wartete, daß ein Regiment einen Befehl nicht sofort ausführte, um sich darauf zu stürzen und das ganze Regiment restlos niederzumachen.

Oft leitete Tschaka selbst von einem Hügel aus die Manöver seiner Regimenter. Er erfand neue Schlachtordnungen und sein geschultes Auge sah selbst bei Bewegungen von 50 000 Mann die kleinste Stockung und er sorgte dafür, daß auch nicht der geringste Ungehorsam vorkam. —

Aber auch Tschakas Schicksal sollte sich wenden. Despoten können immer nur eine geraume Zeit auf der Höhe ihrer Macht sein. Es ist eine eigentümliche Fügung des Schicksals, daß gerade aus der Armee, die zweifellos ihren Oberhäuptling vergötterte, der erste Anstoß zum Niedergang kommen sollte."

5

Moselekatzes Aufstand.
Flucht Moselekatzes und seiner Impis.
Er gründet das Matabili-Reich. Tschakas Glück verläßt ihn. Ermordung Tschakas durch Dingan.

„Aus einem kleinen Küstenstamm, der sich freiwillig Tschaka unterworfen hatte, trat der Sohn des Häuptlings, namens Moselekatze, in Tschakas Heer. Er war ein stattlicher Mann von schlanker Gestalt, dem kühnen Blick des Zulukriegers. Als Jäger hatte er sich einen Namen gemacht, Großwild erlegt und die Schwänze von selbst erlegten Leoparden hingen von seinem Gürtel herab. Er wurde der Liebling Tschakas und bekam bald den Oberbefehl über einen großen Teil der Zulu-Impis.

Es war wohl im Jahre 1817, als ihm Tschaka den Auftrag gab, mit zehn seiner besten Impis einen Kriegszug ins Innere zu unternehmen, um dort ein Volk, das sich unbotmäßig gezeigt hatte, auszurotten. Als Antwort hob Moselekatze seinen Assegai in die Luft und laut schallte sein Königsgruß ‚Bayete‘ dem König entgegen, worauf er mit dem Speer auf seinen Schild schlug. Und kurze Zeit darauf zogen singend die ausgewählten Regimenter, die Impis, aus dem Königskraal.

Es war ein leichter Sieg, den Moselekatze erfocht und als er dann im Kreise seiner Unterführer saß, da kam ihm der Gedanke, daß er doch ebensogut wie Tschaka ein Königssohn sei und daß die Unzufriedenheit selbst im Heere gegen die unerträgliche Grausamkeit des Königs ständig zunahm. Vorsichtig fühlte er bei seinen Unterführern nach und als er feststellte, daß auch in ihren Reihen die Bitterkeit zugenommen hatte, und daß seine Regimenter ihm treu ergeben waren, wurde beschlossen, sich von Tschaka loszusagen und unter Moselekatze ein eigenes Reich zu gründen. Nachdem einmal dieser Entschluß gefaßt war, nannte er seinen neuen Stamm Matabili, so daß nun dieser Name, der für bald ein Jahrhundert vergessen war, wieder in der afrikanischen Geschichte auftauchte.

Als Tschaka von diesem Verrat erfuhr, kannte seine Wut keine Grenzen. ‚Herr der Welt', hatte er sich genannt, ‚König aller Könige' und nun wagte es einer seiner Untergebenen, Sohn eines kleinen Häuptlings aus einem unbedeutenden Stamm, sich gegen ihn aufzulehnen. Sofort wurden alle verfügbaren Regimenter mobilisiert, um gegen die Abtrünnigen vorzugehen. Keiner dieser sogenannten Matabili sollte am Leben bleiben, das hatte sich Tschaka geschworen.

Moselekatze floh mit seinen Kriegern über die Drakensberge und den Vaalfluß. Seine Absicht war, nach Westen durchzudringen bis zum Lande der Betschuana. Um sich vor der Verfolgung zu sichern, faßte Moselekatze einen Entschluß, dessen Grausamkeit der seines Lehrmeisters gleichkam. Da er befürchten mußte, daß ihn die zwischen ihm und seinem Verfolger liegenden Stämme verraten könnten, und auf jeden Fall aber Tschaka durch Überlassung von Vorräten Hilfe leisten würden, beschloß er, zwischen sich und die Zulus eine Wüste zu legen, in der die verfolgenden Impis scheitern mußten. So gab er den Befehl, die gesamte Bevölkerung auszurotten und alle Lebensmittel, die sie selbst nicht mitschleppen konnten, zu vernichten. Getreu dem bei Tschaka gelernten blinden Gehorsam wurde dieser Befehl von seinen Kriegern wörtlich ausgeführt. Kaum ein Mensch blieb in den weiten Gebieten, durch die sich die Flucht der Matabili zog, am Leben. Es ist aber nicht zu leugnen, daß Moselekatzes Plan von Erfolg gekrönt war. Die von ihm ge-

schaffene Wüste schützte ihn vor Tschakas Heeren; diese mußten vom Hunger gezwungen umkehren.

Dies war die erste Niederlage, die Tschaka in seiner Laufbahn hinnehmen mußte. Das Glück schien ihn zu verlassen, denn auch ein zweites Heer, das er nach Osten gegen die Delagoa-Bucht sandte, ging dort an Sumpffieber und Ruhr zugrunde.

Anstatt daß diese Niederlagen Tschaka zur Besinnung gebracht hätten, trieben sie ihn in eine wahre Blutraserei. Es ist bezeichnend für Despoten, daß sie aus Ereignissen, die für normale Menschen eine Lehre bedeuten, zu neuen Wahnsinnstaten aufgestachelt werden.

Es kam aber der Tag, an dem auch die Ama-Zulu die Geduld verloren. Eine furchtbare und grausige Tat des blutdürstigen Despoten gab den Anlaß.

Die Mutter Tschakas war gestorben. Es ist wohl kaum anzunehmen, daß dies Tschaka besonders zu Herzen gegange ist. Aber dieser Todesfall kam ihm gelegen, um seinem Volke durch besonders grausame Maßnahmen Furcht und Schrecken einzuflößen. Unter dem nichtigen Vorwand, daß ihr Tod vom Volk zu wenig beklagt wurde, ließ er von seiner Leibgarde, diesen willfährigen Bluthunden, hunderte von Männern und Frauen am Grabe der Verstorbenen hinschlachten.

Mit dieser Tat war aber auch sein Schicksal besiegelt. Dieses sinnlose Morden seiner eigenen Landsleute war selbst den an Greuel gewöhnten Leibsoldaten zu viel. Auch seine Halbbrüder Dingan und Umschlagana mußten das Schlimmste befürchten.

Nachdem sie sich der Leibgarde versichert hatten, faßten sie den Entschluß, das Land von dem größenwahnsinnigen, in einem ständigen Blutrausch lebenden Despoten, vor dessen Wutanfällen niemand sicher war, zu befreien.

Eine günstige Gelegenheit war bald gefunden. Als Tschaka mit einigen seiner Induna, die in den Plan der Brüder eingeweiht waren, vor seiner Hütte zur Beratung saß, näherten sich Dingan und Umschlagana. Da sie dem königlichen Hause angehörten, durften sie bewaffnet vor dem König erscheinen, mit ihren Schilden und Speeren.

‚Bayete', rief Dingan. ‚Bayete! umkosi umkulu!'

(Sei gegrüßt, großer König.)

Als Tschaka aufblickte, warf ihm Dingan seinen

Speer in den Leib. Ein zweiter Speerstoß, der von einem Sklaven ausgeführt sein soll, war tödlich.

So traf auch Tschaka, diesen grausamsten aller Despoten, sein Schicksal. Und wenn man sich nun überlegt, was er für sein Volk getan hat, so kann man nur zu der Überzeugung kommen, daß er zwar verstanden hat, die Zulus zu einigen, aber daß ihm trotz seiner nicht abzusprechenden Klugheit jedes Talent für die zivile Verwaltung seines Reiches abging. Die einzige kulturelle Tat, wenn man sie so nennen darf, von Tschaka war, daß er die Beschneidung abgeschafft hat. Alles dies ist um so unverständlicher, wenn man hört, daß Tschaka ständig Boten unterwegs hatte, die er nach Kapstadt sandte, um genau über das Leben der Europäer in der Kap-Kolonie unterrichtet zu sein. Er hatte von den Bauten und den Festungen der Europäer gehört, von ihrem Gemeinwesen, den Straßenbauten usw. Über all dies wollte er ständig unterrichtet sein.

Einer seiner Boten, der selbstverständlich nicht schreiben konnte, hatte nun, um alle Einzelheiten, die er dort gesehen hatte, genauestens zu behalten, auf einer großen Kalebasse alles das, was ihm am meisten auffiel, eingeritzt. Mit diesem eigentümlichen Brief wollte er zu Tschaka zurückkehren. Er scheint aber seinen Herrn nicht erreicht zu haben, denn diese Kalebasse mit den Einzeichnungen ist heute im Kapstadt-Museum ausgestellt.

Es steht also fest, daß Tschaka keineswegs ohne Interesse für die Errungenschaften der Zivilisation gewesen ist. Welche Motive ihn bewegt haben mögen, sie von seinen eigenen Landsleuten fern zu halten, ist unerklärlich. Jedoch mag auch hierin eine gewisse Absicht gelegen haben. Sein despotisches und grausames Temperament ließ es nicht zu, daß seine Landsleute in eine höhere Stufe der Zivilisation aufrückten, daß sie Anteil an den Errungenschaften der Europäer nahmen. Denn Tschaka mußte mit Recht befürchten, daß jede Aufklärung dazu dienen würde, sich gegen sein grausames Regiment aufzulehnen.

Wenn für Jahrzehnte Tschaka in den Sagen und Erzählungen und in den Herzen der Zulu als großer Held und König weitergelebt hat, so ist das menschlich zu verstehen. Denn wir Menschen vergessen ja nur zu schnell alles Schlechte und behalten das Gute und Große in der Erinnerung. Und daß Tschaka ein großer Heerführer gewesen ist, der es verstand, das Land zu vergrößern, ist nicht zu leugnen. Und so sagte mal ein alter Zulu, den ich auf die Grausamkeit Tschakas aufmerksam machte, zu mir: ‚Ja, du hast recht, unsere Vorfahren haben täglich zu Tschakas Zeiten um ihr Leben gezittert. Trotzdem waren sie groß, durch Dingiswayo und Tschaka groß gemacht. Sie gingen erhobenen Hauptes, denn von außen hatten sie nichts zu befürchten. Du weißt ja', fügte er hinzu, ,wie wir Schwarzen sind. Wir leben im Heute, wir denken nicht an Morgen und während vor den Zeiten unserer großen Könige die Zulus nur an die Kleinigkeiten des täglichen Lebens dachten, begannen wir mit Dingiswayo auch an größere Sachen zu denken und wir hatten das Gefühl, nicht wie früher ein kleines armseliges Krämervölkchen, sondern eine wirkliche große Nation zu sein.' —

Wenn ich auch bisher nur von den Siegen und Erfolgen von Dingiswayo und Tschaka berichtet habe, so ist auch wichtig, zu hören, daß auch Tschaka im Felde Niederlagen erlitten hatte, und zwar gegen die benachbarten Basutu, die unter ihrem Häuptling Moschesch ihm erfolgreichen Widerstand entgegensetzten."

6

Moschesch Oberhäuptling der Basutu. Matabili werden von den Basutu geschlagen. Buren besiegen Moselekatze und seine Matabili-Regimenter.

„Moschesch darf man als einen der bedeutendsten Häuptlinge Südafrikas bezeichnen. Er, der der Sohn eines kleinen Unterhäuptlings war, hatte es durch seine Klugheit und Energie verstanden, Oberhäuptling des Basutu-Stammes zu werden. Auch er überzog seine Nachbarn mit Krieg, aber gegen die Besiegten war er niemals grausam. Er gliederte sie in seinen Stamm ein und fand in ihnen die treuesten Anhänger.

Das Basutuland kann man mit Recht als die Schweiz Südafrikas bezeichnen. Wie das kleine Schweizer Volk in seinen Bergen allen feindlichen Angriffen erfolgreich Widerstand geleistet hat, so waren es die Basutu, die als einzige Tschaka, der von Süden, und später Moselekatze, der mit seinen Horden von Norden anstürmte, mit blutigen Köpfen nach Hause geschickt haben. Inmitten der Berge hatte Moschesch als Jüngling auf seinen Jagdzügen eine natürliche Festung gefunden, in der ständig rieselnde Quellen, schöne Bäume und Viehweide den gegebenen Zufluchtsort für seinen Stamm boten. Bei jedem Angriff flüchteten die Basutu mit ihren Frauen und Kindern und ihrem Vieh dorthin. Tschaka hatte bald eingesehen, daß er sich hier nur blutige Köpfe holte, und ließ die Basutu in Frieden. Trotzdem haben die Kämpfe der Zulu unter den Basutu über 30 000 Tote gefordert.

Moselekatze griff mit zehn Matabili-Regimentern an, aber sein Sturm war völlig erfolglos. Dann entschloß er sich, die Basutu zu belagern und sie auszuhungern. Aber es kam anders. Nicht die Basutu, sondern Moselekatzes Impis wurden ausgehungert. Da mußte sich Moselekatze, zum erstenmal besiegt, zum Abzug entschließen. Gerade war der Befehl gegeben, das Lager abzubrechen, da kam den Felspfad herunter eine Abordnung Basutu, die schwere Lasten Korn trugen und Schlachtvieh in großer Zahl vor sich her trieb. Der führende Basutu warf sich vor Moselekatze zu Boden und sagte: ‚Wir Basutu wollen mit unseren Nachbarn in Frieden leben, jedoch wenn ihr uns angreift, werden wir uns verteidigen. Damit du siehst, wie friedlich unser König auch euch gegenüber gesonnen ist, schickt er euch hier Fleisch und Korn zur Verpflegung deiner Truppen auf dem Heimwege. Nimm sie von uns als Geschenk an und als Zeichen unserer guten und freundlichen Gesinnung.‘

Moselekatze zog mit seinen Matabili ab und nie wieder hat er versucht, die Basutu zu belästigen.

Bevor wir uns wieder unseren Zulu zuwenden, sind noch einige Worte über Moselekatze, der ja auch ursprünglich ein Zulu war, zu sagen.

Moselekatze hatte sich am Vaalriver niedergelassen und überfiel von hier aus die Farmen der Buren, ermordete die Ansiedler und raubte ihr Vieh. Ein Burenkommando ging darauf zum Angriff über, schlug Moselekatze bei den Magallisbergen und trieb ihn mit seinem gesamten Volk über den Limpopo. Darauf zog Moselekatze weiter und eroberte Gebiete südlich vom Zambesifluß. Die Buren hatten Moselekatze einen solchen Respekt eingeflößt, daß er in späteren Jahren nicht nur in Frieden mit ihnen lebte, sondern auch alles tat, um ihnen seine Freundschaft zu bezeugen.

Man schrieb das Jahr 1828, als Dingan seinen Halbbruder Tschaka ermordete. Anstatt daß nun Dingan, der doch angeblich das Land von den Grausamkeiten Tschakas befreien wollte, eine mildere und gerechtere Regierung eingeführt hätte, setzte er dessen Schreckensregiment fort, beschränkte sich aber in seinen Kriegszügen auf die umliegenden Volksstämme. Dies mag auch darauf zurückzuführen sein, daß inzwischen die Engländer sich in Natal festgesetzt hatten und daß die gesamten Natal-Kaffern sich unter dem Engländer Fynn zu einem einheitlichen Stamm zusammengeschlossen hatten. Hier und da flackerten noch

Kämpfe zwischen den Engländern, die von den Eingeborenen unterstützt wurden, und einzelnen Zuluhorden auf, aber im großen und ganzen herrschte Friede."

7

Die Buren kommen nach Natal.
Piet Retief reitet zu Dingan.
Verrat und Ermordung Retiefs
und seiner Gefährten.
Überfall auf die Buren.
Niederlage und Ende Dingans.

„In diese Zeit fiel nun der große Burentreck, der sich im Jahre 1835 auf Natal ausdehnte.

Es war am Weihnachtstage 1497, Christi Geburtstag, als Vasco da Gama zum erstenmal dieses herrliche Land betrat und ihm darum den Namen Natal, das Weihnachtsland, gab. So begeistert wie Vasco da Gama waren auch die Buren, als sie von den Drakensbergen, die sie unter großen Schwierigkeiten überschritten hatten, in dieses fruchtbare Land hinabstiegen.

Von Tschakas Tod hatten die Buren inzwischen gehört, und wenn auch sein Nachfolger Dingan fast ebenso grausam und blutdürstig geschildert wurde, so hatte er doch seine Regimenter aus Natal zurückgezogen, so daß die Buren hoffen konnten, daß er ihrer Ansiedlung in Natal keine Schwierigkeiten bereiten würde.

In einer Beratung der Buren wurde beschlossen, eine Abordnung zu Dingan zu senden, um seine Genehmigung zur Besiedlung des Landes einzuholen. Piet Retief erbot sich mit einigen Freiwilligen direkt zu Dingans Kraal zu reiten, um mit ihm zu verhandeln. Das Land, das sie durchritten, war menschenleer, aber überaus wildreich. Allenthalben trafen sie auf Spuren von Elefanten und sahen große Wildherden. An der Küste trafen sie mit einigen englischen Händlern zusammen, die sich dort unter Leutnant Farewell angesiedelt hatten. Unter ihnen war ein gewisser Tom Holstead, der schon seit Jahren mit Dingan in Handelsbeziehungen stand und der die Zulusprache vollständig beherrschte. Holstead bot sich an, der Burengesandtschaft als Führer und Dolmetscher zu dienen. Unter seiner Führung gelangte die Abordnung glücklich zum Königskraal Umkungunhlovo. Mit sorgenbeschwertem Herzen waren die Buren dort angekommen. Denn von der Entscheidung des mächtigen Zulukönigs hing ihre ganze

Zukunft ab. Und es ist nicht zu verwundern, daß dem tapferen Piet Retief, wie er später bei seiner Rückkehr seinen Landsleuten sagte, das Herz gezittert hatte, als er dem grausamen Despoten Auge in Auge gegenüberstand. Kaum konnten die Buren ihr Glück fassen, als ihnen Dingan freundlichst erklärte, daß sie selbstverständlich gern das Land besiedeln könnten, da er dadurch ja nur selbst Vorteile haben würde. Sie sollten ihm auch gegen seine Feinde, die Basutu, Schutz gewähren. Diesen Schutz könnten sie auch unter Beweis stellen, denn die Basutu hätten ihm erst vor kurzer Zeit über 700 Stück Vieh abgetrieben.

‚Bringt mir das Vieh zurück, dann sehe ich, daß ihr wirklich meine Freunde seid und wir wollen auf Papier einen Vertrag schließen, der euch das ganze Land Natal als Siedlungsgebiet übereignet.‘

Frohen Herzens kehrte Piet Retief zu seinen Landsleuten zurück, um ihnen die freudige Botschaft zu übermitteln. Durch Verhandlungen gelang es ihm, von den Basutu das geraubte Vieh zurückzubekommen. Mit dem Vieh und dem gesamten großen Treck ging es hinein nach Natal, wo die Auswanderer im Jahre 1837 ihr erstes Lager aufschlugen.

Als jetzt Piet Retief Freiwillige aufrief, um ihm mit dem Vieh, das er Dingan zurückbringen wollte, nach Zululand zu folgen, da wollte jeder dabei sein, zum mindesten aber einer aus jeder Familie. Und daß die jungen, die tapferen kleinen Burenbengels sich am eifrigsten bemühten, an dem Ritt zum großen Zulukönig teilzunehmen, darf wohl nicht verwundern.

Und so ritt dann eines Morgens eine kleine Schar sorgfältig ausgesuchter Männer, denen ihre Hottentotten das an Dingan zurückzugebende Vieh vorantrieben, vom Lager fort, zu einem, wie sie glaubten, fröhlichen Ritt durch das neue schöne Land, von dem aber nicht ein einziger zurückkehren sollte. —

Als sie am zweiten Morgen losritten, da hatten sich plötzlich noch drei Jungens bei ihnen eingefunden im Alter zwischen 14—16 Jahren, die ausgerissen waren, um dies fröhliche Abenteuer mit zu erleben. Sie quälten solange, bis man ihnen gestattete, am Zuge teilzunehmen.

Mit größter Freundlichkeit nahm Dingan die Abordnung auf und dankte für die Rückerstattung seines Viehs. Zu Ehren der Gäste wurden große Feste veranstaltet, an denen Dingan selbst im ganzen Schmucke seiner Kriegstracht die Regimenter führte. Die Kriegsspiele, in denen

einzelne Regimenter gegeneinander auftraten, wurden mit solcher Begeisterung durchgeführt, daß jedesmal einige Tote und Verwundete auf dem Boden blieben.

Tatsächlich gab es neue Freundschaftsbeweise des Königs und immer neue Geschenke ließ er seinen Gästen überbringen und die Menge der Verpflegung für sie und ihre schwarzen Diener wurde von Tag zu Tag größer.

Da ja die Zulu, wie alle Eingeborenen, den Begriff der Zeit nicht kennen, vergingen mehrere Wochen, bis es endlich zu dem wichtigsten Punkt der Verhandlung kam, zur

Unterzeichnung des Schriftstückes über die Genehmigung zur Ansiedlung der Buren in Natal.

Seit einem Jahr lebte ein englischer Missionar namens Owen in der Nähe des Königskraal Umkungunhlovo. Im Auftrage von Dingan hatte er ein Schriftstück in englischer Sprache aufgesetzt, das er Piet Retief überreichte, um dann wieder nach Hause zurückzukehren. Dieses Schriftstück wurde von Tom Holstead in Zulu wie auch in Africaans übersetzt und laut vorgelesen. Nach diesem Vertrag übergab Dingan an Piet Retief und seine Mitbürger den Hafen Natal und die damit verbundenen Gebiete vom Tugelafluß westwärts und vom Meere nordwärts soweit das Land brauchbar sei. Diese Urkunde trug das Datum 4. Februar 1838 und wurde vom König Dingan mit seinem Zeichen und von Retief und zwei seiner Begleiter mit Unterschriften versehen.

Es ist nur zu begreifen, daß Piet Retief mit seinem wichtigen Schriftstück so schnell wie möglich zu seinen Volksgenossen zurückkehren wollte. Aber Dingan bat ihn noch zu bleiben, da er zu Ehren seiner Gäste noch ein großes Abschiedsfest veranstalten wollte. Der Wunsch eines Königs und besonders eines solchen despotischen Königs wie Dingan war Befehl. Ein großes Festmahl wurde veranstaltet, Paraden und Scheinkämpfe fanden statt und dann kam der große Abschiedstanz, an dem alle Krieger des Königskraal teilnehmen sollten.

Neben Dingan saß Piet Retief, während die übrigen Weißen im Halbkreis herum, auf Felldecken hockten. Regiment auf Regiment raste speerschwingend herbei. Die Regimenter mit weißen Schilden, die mit schwarzen Schilden und jene, deren Schilde aus Wildebeesthäuten gemacht waren. Immer dichter kamen sie an die Zuschauer heran, immer wilder schlugen die Trommeln, immer lauter jauchzten die Krieger. Und so aufgeregt und unbeherrscht zeigten sich die Regimenter, daß Retief schließlich den König bat, seine Soldaten doch nicht zu nahe herankommen zu lassen. Da sprang Dingan auf, wie es schien völlig mitgerissen

von dem Schauspiel, begann er ein Kriegslied zu singen, das ausklang in den Worten, die er mit brüllender Stimme den Regimentern zurief: ‚Bulala abatagati!' (Erschlagt die Zauberer).

‚Verrat, Hilfe!' konnte Holstead noch gerade ausrufen, da waren schon die Zulukrieger über ihnen und wenn auch die Buren noch einige ihrer Gegner niederschlagen konnten, so war bald der Kampf vorbei und die Unglücklichen wanden sich in ihren Fesseln am Boden. Aber nicht zufrieden damit, die Buren einfach zu erschlagen, wurde jedem ein spitzer Stab durch den Leib gestoßen, dessen Enden von je einem Krieger gefaßt wurde, die die noch Röchelnden zur Schädelstätte schleiften, zu dieser von Tschaka errichteten Stätte des Grauens, auf der tausende bleichender Schädel lagen, und hier wurden sie mit Kirris erschlagen. —

Ein Verrat und ein Mord eines Despoten würdig. Aber auch dieser Mord und die darauf folgenden Überfälle auf die sich in Sicherheit wiegenden Burenfamilien in Natal, bei denen über sechshundert Männer, Frauen und Kinder erschlagen wurden, waren das Zeichen des Untergangs dieses Despoten. —

Es gelang den Buren zwar, die Zulu mit großen Verlusten schließlich abzuschlagen, aber der erste Versuch, Dingan endgültig zu beseitigen, schlug fehl, da die Burenkommandos, noch verstärkt durch englische Siedler und Eingeborene aus Natal, in einen Hinterhalt gerieten und fast gänzlich aufgerieben wurden. Auch ein zweites Burenkommando unter seinem Führer Uys überschritt den Tugela, geriet ebenfalls in einen Hinterhalt, konnte sich aber einen Weg durch die Zulu-Regimenter erkämpfen. Bei diesem Durchbruch verloren Uys und sein Sohn sowie viele andere das Leben.

Nun ging Dingan, ermutigt durch die Erfolge, seinerseits zum Angriff über, und griff die englische Niederlassung in Natal an. Glücklicherweise lag ein englisches Schiff im Hafen, so daß die Einwohner einem sonst unausbleiblichen Tod entgingen.

Andries Pretorius stellte darauf eine ausgewählte Schar berittener Buren in Stärke von nur 460 Mann zusammen, mit denen er unerschrocken gegen Dingans Kraal vorrückte. An einem Sonntag, dem 16. Dezember 1838, stieß er auf eine 12 000 Mann starke Zulu-Armee am Ufer des Blood-Rivers. Pretorius hatte eine vorzügliche Stellung zwischen dem tiefen Fluß und einem Nebenfluß bezogen, so daß er sein Lager nur nach zwei Seiten zu verteidigen brauchte. Als nun diese 12 000 Zulu, Welle auf Welle, hintereinander stürmten, da schossen die Buren kaltblütig mit solch tödlicher Sicherheit drei Stunden lang, daß die

Impis wie das Korn unter der Sichel hingemäht wurden. Ohne auf die Verluste zu achten, stürmten aber die Zulu weiter. Schon begann bei den Buren das Pulver knapp zu werden, da bemerkte Pretorius, daß die Impis immer nur von der Seite her durchzubrechen versuchten. Er gab daraufhin zweihundert Berittenen den Befehl, einen Ausfall zu machen und zu versuchen, die Zulu von der anderen Seite her anzugreifen. Dies Manöver gelang. Die Buren, getreu ihrer alten Taktik, sprengten in die Zulu hinein, gaben ihre Schüsse ab und bevor sie von einem Speer erreicht werden konnten, waren sie fortgaloppiert, luden, kamen wieder. Salve auf Salve feuerten sie in die dicht gedrängten Massen der Impis, bis schließlich selbst die tapferen Zulu den Kopf verloren und in wilder Flucht davonstürmten. Über 3000 Tote lagen

auf dem Schlachtfeld. Wie viele den Tod in dem reißenden Wasser des Flusses gefunden hatten, konnte nie festgestellt werden. Die Fluten waren rot gefärbt und hiernach erhielt der Fluß den anfangs erwähnten Namen Blood-River, Blutfluß.

Sofort nach diesem Siege ritten die Buren weiter zur Hauptstadt Dingans, nach Umkungunhlovo. Hier fanden sie aber nur noch eine rauchende Trümmerstätte vor. Dingan war geflohen, nachdem er vorher seinen Königskraal angezündet hatte.

Wie den Buren zumute gewesen sein mag, als sie dann auf der Schädelstätte standen, auf diesem Hügel, wo die bleichenden Gebeine ihres Freundes Piet Retief und seiner Gefährten lagen, läßt sich schwer schildern. Die Schädel der Opfer waren zertrümmert. Aber an einigen Fetzen, die noch um die Skelette hingen, wurden sie erkannt. Und hier fand man auch die lederne

Tasche von Piet Retief, in der er sorgfältig die Urkunde, auf die er so stolz gewesen war, geborgen hatte. Diese Urkunde ist gerettet und aus ihr geht hervor, daß sie am

4. Februar 1838 in englischer Sprache ausgestellt und unterschrieben wurde. Das Wasserzeichen auf dem Papier gibt das Jahr 1830 an.

Hiermit war die Macht Dingans gebrochen, aber immer noch mußte man in Furcht vor Rachezügen des Despoten leben.

Dann aber kam von innen her die Befreiung. Dingans Bruder Panda, der ihn zuerst unterstützt hatte, fiel von Dingan ab. Er hatte erwartet, daß Dingan eine mildere Regierung einführen und wie bei den Basutu, einen Volksrat, den sie Pisto nannten, ins Leben rufen würde.

Bei diesem Volksrat führte der älteste Häuptling den Vorsitz und an der Debatte nahmen vornehmlich die Häuptlinge teil. Aber jeder freie Mann, vornehm oder gering, hatte das Recht zu sprechen. Wenn auch der Pisto meist vom Stammesoberhaupt berufen wurde, so konnte auch ein weniger großer Häuptling, wenn er es für nötig hielt, die Versammlung ansagen lassen. Jeder Versammlung ging eine vertrauliche Besprechung der einflußreichsten Männer des Stammes voraus. Aber hierzu hatte sich Dingan nicht entschließen können, sondern hatte, wie gesagt, Tschakas Regierungsmethode beibehalten.

Durch den Bruch Pandas mit seinem Bruder Dingan wurde die Macht der Zulu sehr geschwächt. Panda hatte einen großen Teil der Bevölkerung für sich gewonnen und wandte sich nun an die Engländer in Natal mit der Bitte, ihn in seinen Bestrebungen zu unterstützen. Um endlich Ruhe im Zululande zu haben, wurde ihm Hilfe gewährt und ungefähr vierhundert Buren und Engländer zogen unter dem Kommando von Pretorius ins Zululand ein und schlugen in Verbindung mit viertausend Kriegern Pandas Dingan vollständig. Kurze Zeit darauf wurde Dingan ermordet."

8

Panda wird durch die Buren zum Oberhäuptling der Zulu ernannt. Bruderkrieg. Pandas Tod. Cetewayo wird Häuptling. Strenge, aber gerechte Regierung. Stellung Cetewayos zu den Engländern und Buren. Ultimatum der Engländer.

„Pretorius erklärte im Jahre 1840 Panda zum Oberhäuptling.

Aber noch sollte Zululand keine Ruhe kennen. Cetewayo, Pandas ältester Sohn, sammelte eine große Anzahl unzufriedener junger Krieger um sich, und als nun ein jüngerer Sohn namens Umbulazi ebenfalls einen Teil der jungen Krieger um sich versammelte, kam es zwischen den beiden Brüdern zum Krieg. In der darauffolgenden Schlacht siegte Cetewayo und Umbulazi wurde mit fünf seiner Brüder erschlagen.

Panda, der Vater der beiden Kampfhähne, hatte sechzehn Söhne und eine große Anzahl Töchter. Von diesen sind aber nur wenige in Erscheinung getreten.

Um die Königsfolge endgültig zu regeln, wurde auf Veranlassung der englischen Regierung im Jahre 1857 im Königskraal eine Versammlung aller Häuptlinge einberufen und Panda zum Regierungs-Häuptling, zum ‚Kopf', ausgerufen, wie es in der Zulusprache heißt, zum ‚Denken', und Cetewayo wurde anerkannt als ‚Füße', d. h. derjenige, der handelt. Im Jahre 1872 starb Panda. Nun wurde Cetewayo von dem englischen Beauftragten Sir Theophilus Shepstone zum König gekrönt.

Während bei früheren Königskrönungen wahllos eine große Anzahl Menschen abgeschlachtet wurde, gelang es Shepstone, Cetewayo zu bewegen, von dieser grausamen Sitte Abstand zu nehmen. Wenn auch Cetewayo nach der Sitte seiner Vorfahren regierte, so war er doch nie ein grausamer Despot, sondern versuchte, sein Volk streng, aber gerecht zu regieren. Nie tötete er aus Mordlust, sondern nur mit der Absicht zu bestrafen, denn er war fest davon überzeugt, daß allein durch die Todesstrafe unter den Zulus die militärische Disziplin und das Ansehen des Königs aufrechterhalten werden könne. Als ihm ein Engländer über seine Strenge Vorhaltungen machte, hatte er einmal gesagt:

‚Ihr Weißen kennt die Zulu nicht. Ihr versteht überhaupt nicht die Mentalität der Neger. Wenn bei euch ein Schwarzer Unrecht tut, so schlagt ihr ihn, steckt ihn ins Gefängnis oder nehmt ihm sein Vieh weg. So werdet ihr nie etwas erreichen, denn mit diesen Maßnahmen macht ihr ihn nur böse und rachsüchtig und er wird jede Gelegenheit wahrnehmen, sein Mütchen an euch zu kühlen." Ähnlich hat später einmal Lobengula, der mächtige Matabili-Fürst zu einem Missionar gesagt, der ihm auch Vorwürfe wegen seiner angeblichen Grausamkeit machte. Als Antwort stand Lobengula von seinem Sessel auf und sagte: ‚Setze du dich auf meinen Thron und versuche, meine Matabili nach deinem Rezept zu regieren, und du wirst sehen, daß du keine vier Wochen am Leben bleibst.'

Während von den Zulukönigen, zu denen ich in diesem Falle als Abkömmling der Zulu auch Lobengula zählen will, nur Aussprüche dieser Art überliefert sind, lebt der große König der Basutu, Moschesch, in Sagen und Geschichten seines Volkes fort. Er war ein Mann von reichem Talent, der wirklich Außerordentliches zu Wege brachte. Seine klugen Aussprüche sind in seinem Lande zu Sprichwörtern geworden. Einen will ich hier wiederholen, da er besonders viel Humor enthält, denn Humor ist ein Zug, der sich bei den Eingeborenen nicht sehr häufig findet. Als Moschesch von seinen Leuten gedrängt wurde, sich an einem Kannibalenstamm zu rächen, von dem erzählt wurde, daß sie seine Großeltern erschlagen und verzehrt hätten, erwiderte er: ‚Ich muß es mir ernstlich überlegen und gut darüber nachdenken, ehe ich die Gräber meiner Vorfahren anrühre.' —

Über die Stellung Cetewayos zu den Engländern und Buren sind sehr widersprechende Gerüchte im Umlauf. Nach englischen Quellen soll Cetewayo auf seine Botschaft, die Shepstone am Tage vor der Proklamation der Einverleibung Transvaals im Jahr 1877 an ihn richtete, geantwortet haben: ‚Ich danke meinem Vater Somsou (der Zuluname Shepstones) für seine Botschaft. Ich freue mich, daß er sie gesandt hat, denn die Buren haben mich müde gemacht (‚dinusile') — was soviel bedeutet, wie: sie haben mich solange geärgert, bis ich müde wurde —. Ich will mit ihnen noch einmal kämpfen, aber nur, um sie über den Vaalfluß zu treiben. Meine Regimenter sind versammelt, um den Kampf aufzunehmen. Aber jetzt werde ich sie wieder nach Hause schicken.' —

Cetewayo soll zu jener Zeit, also im April 1877, einen Monat nach der Annexion Transvaals, eine Armee von drei Korps an der Grenze zusammengezogen haben. Er würde also — immer nach englischer Quelle — unzweifelhaft Transvaal bis zum Vaalfluß, wenn nicht gar bis Pretoria, überrannt haben.

Einer der besten Kenner des Zululandes, der in Transvaal dienende Deutsche, Oberst Schiel, gibt eine andere Schilderung. Er sagt, daß Cetewayo folgendes berichtet habe:

‚Somsou lügt', sagte Cetewayo, ‚schon 1876 ließ er mich

wissen, daß die Königin von England, um, wie Somsou vorgab, ihre schwarzen Kinder gegen die Buren zu schützen, das Land der Buren unter ihre Herrschaft nehmen wolle. Es sei möglich, daß dann die Buren gegen die Engländer kämpfen würden, und dann sollte auch Cetewayo den Engländern helfen. Ich ließ Somsou sagen: Wie kann ich meinem Vater gegen die Buren helfen? Die Buren haben Gewehre und treffen gut. Meine Krieger sind ohne Gewehre nur Weiber. Gib mir Gewehre, dann will ich tun, was mein Vater sagt.

Ich bekam die Gewehre und zog, nachdem die Engländer Transvaal für sich proklamiert hatten, meine Truppen an der Grenze zusammen, um noch mehr Gewehre zu bekommen. Ich bekam auch noch mehr. Ich habe nie daran gedacht, mit den Buren zu kämpfen, denn ich lebte mit ihnen stets in Freundschaft und habe nie Streit mit ihnen gehabt.

Als Somsou sah, daß die Buren nicht gegen die Engländer kämpfen würden, verlangte er von mir die Gewehre zurück. Ich aber verweigerte die Rückgabe. Somsou schickte immer neue Boten, und meine Weigerung, die Gewehre herauszugeben, wurde der Grund, daß ein Jahr später, 1878, die Engländer mit mir Krieg anfingen.' —

Diese beiden Schilderungen weichen beträchtlich von

einander ab. Es scheint mir aber ziemlich unglaubwürdig, daß der Krieg im Jahre 1878 wegen der Gewehre ausgebrochen ist, denn während des ganzen Zulukrieges hat man nie davon gehört, daß die Zulu gegen die Engländer Gewehre benutzt hätten.

Anfang des Jahres 1878 wurde eine Grenzkommission nach Rorkes Drift einberufen, um die Grenzstreitigkeiten zwischen den Transvaalburen und den Zulu zu beseitigen. Die Entscheidung, die zugunsten der Zulu ausfiel, war aber mit einem Ultimatum verknüpft, welches der Zulukönig unmöglich annehmen konnte. Zwei der wichtigsten Bedingungen waren: Die Auflösung der Zulu-Armee und die Abschaffung des Heiratsgesetzes innerhalb 30 Tagen.

Dies scheint der wirkliche Grund zum Ausbruch des Zulukrieges gewesen zu sein, der von den Engländern am 11. Januar 1879 erklärt wurde."

9

Der große Zulu-Krieg.
Niederlage der Engländer bei Isandhlwana.
Sorglosigkeit der Engländer. Weitere Niederlagen.
Prinz Napoleons Tod.
Entscheidungsschlacht bei Ulundi.
Gefangennahme Cetewayos. Rückkehr und Tod.

„Die Engländer zogen in fünf Kolonnen in das Zululand ein und schon elf Tage später erlitten sie die große Niederlage bei Isandhlwana, in welcher drei Kolonnen vollständig aufgerieben wurden.

Die Zulus standen unter dem Kommando eines Halbbruders von Cetewayo, namens Dabulamanzi (‚durchschneidet das Wasser'). Ich will hier seine Schilderung der Schlacht wiedergeben:

Dabulamanzi erzählte, daß es ihm gelungen sei, vor der Schlacht mit seinen Impis vollständig unbemerkt in die Nähe des englischen Lagers zu gelangen. Zu seinem großen Erstaunen hatten es die Engländer nicht einmal für nötig gehalten, Patrouillen auszusenden, um die Gegend aufzuklären. Sein Angriff kam dem englischen Befehlshaber so überraschend, daß seine Soldaten nicht einmal

Zeit hatten, die Patronenkisten zu öffnen. Ganze Wagenladungen fielen den Zulu ungeöffnet in die Hände.

Die englischen Truppen wurden durch Natal-Kaffern unterstützt, die sich durch einen um den Kopf gewundenen roten Lappen kenntlich gemacht hatten. Sobald sie sahen, daß die Sache der Engländer verloren war, rissen sie sich die Lappen ab und stürzten sich ebenfalls auf die überraschten unglücklichen Soldaten, in der Hoffnung, so dem Tode zu entgehen. Aber dieser Verrat half ihnen nichts, denn von den erbitterten Zulu wurden sie nachher erbarmungslos niedergemetzelt. Später sprach Dabulamanzi mit großem Lob von dem Mut der englischen Soldaten. Wie Löwen hätten sie bei Isandhlwana gegen die Übermacht gekämpft und der Sieg hätte auch den Zulu große Opfer gekostet.

Jetzt sah es so aus, als ob Natal offen vor den Heeren des Zulukönigs lag. Nur der tapferen Verteidigung von Rorkes Drift, wo in der Nacht des 22. Januar 1880 ungefähr achtzig Mann, unter denen sich auch einige Reiter meines alten Regiments, der Natal Mounted Police (Berittene Natal-Polizei) befanden, ist es zu verdanken, daß es nicht zu einem Einfall in die Kolonie kam. Leutnant Chard hielt seine Stellung gegen mehrere tausend Zulus und rettete dadurch Natal.

Jedoch ist dies nicht die einzige Niederlage, die die Engländer in diesem Kriege erlitten. Diese Niederlagen sind in erster Linie auf die Sorglosigkeit der englischen Führer zurückzuführen, deren Patrouillen den Patrouillendienst vernachlässigten. und wenn sie ausgesandt wurden, sich den Zulu auf meilenweite Entfernung durch ihre knallrote Uniform und ihre blendend weißen Helme verrieten, während sie selbst die wie Schlangen im Grase kriechenden Zulukrieger nie bemerkten.

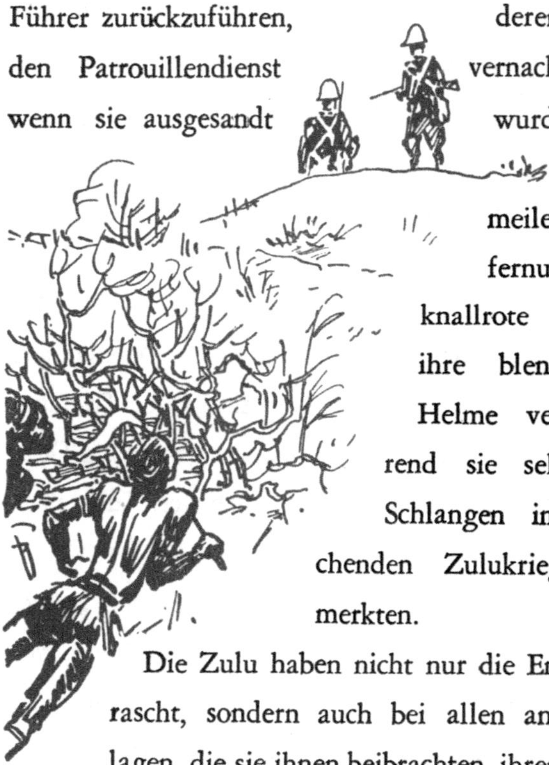

Die Zulu haben nicht nur die Engländer überrascht, sondern auch bei allen anderen Niederlagen, die sie ihnen beibrachten, ihren Späherdienst ausgezeichnet organisiert, so daß ihnen keine Bewegung des Feindes entging. Auch in der Beweglichkeit waren sie den englischen Truppen weit überlegen. Selbstverständlich konnten sie auf die Dauer den modernen Feuerwaffen und Maschinengeschützen nicht widerstehen.

Beim Fluß Intombi auf Transvaal-Gebiet wurde eine andere englische Abteilung aufgerieben.

Eine Truppe von ungefähr dreihundert Mann marschierte von Leydenburg nach Lüneburg und kam an den angeschwollenen Intombi-Fluß. Es war unmöglich, ihn zu passieren. Man mußte den Ablauf des Wassers abwarten und lagerte deshalb dicht am linken Ufer. Der Befehlshaber hielt es nicht für nötig, die Wagen zu einem Lager zusammenzuziehen, wie es die Buren gewohnt sind, die jedesmal in Feindesland eine Lagerburg bauen, d. h. die Wagen werden in einem Kreise zusammengezogen und die Zwischenräume mit Dornbüschen ausgefüllt, so daß Wagen und Büsche eine zusammenhängende Schanze bilden.

Am Nachmittag kamen einige deutsche Siedler aus dem etwa eine Stunde entfernten Fort bei Lüneburg und teilten dem englischen Befehlshaber mit, daß die Berge in der Umgebung voller Zulukrieger seien, die alles sehen könnten, was bei seiner Truppe vorginge. Auch sie gaben ihm noch den Rat, eine Wagenburg zu bilden. Der Befehlshaber lehnte dies aber hochmütig ab und sagte: ‚Ich fürchte die Zulu nicht, mit meiner Truppe marschiere ich mitten durch das Zululand!' —

Da die Lagerstelle in einem Winkel lag, den der ebenfalls angeschwollene, in den Intombi mündende kleine Fluß

Umtitane bildete, glaubten sich die Engländer nach beiden Flußseiten hin geschützt und stellten nur an jeder Seite des Dreiecks einen Posten auf, unterließen es aber, Außenposten aufzustellen oder nachts Patrouillen auszuschicken.

Es war eine kalte regnerische Nacht. Die Engländer fühlten sich vollständig sicher. Aber bei Tagesgrauen erhoben sich plötzlich dicht vor den Wachen tausende schwarzer Krieger, die mit dem höllischen Schlachtruf der Zulu in das Lager stürmten. Kaum daß einer der Posten Zeit hatte, sein Gewehr abzufeuern, schon brach er tot zusammen.

Bevor die aus dem Schlaf aufgeschreckten Soldaten von ihren Waffen Gebrauch machen konnten, lagen die meisten von Assegaien durchbohrt, blutend am Boden und nur wenigen gelang es, noch Schüsse abzugeben. Nur die Engländer, die sich sofort in den Fluß stürzten, entkamen. Auch der Führer der Truppe mußte seine Überheblichkeit mit dem Tode büßen. Er fiel, nachdem er mehrere Zulu mit dem Revolver erschossen und einige mit dem Säbel niedergeschlagen hatte. —

Auch die dritte Niederlage in diesem Krieg, bei Hlobane, ist ebenfalls auf die Nachlässigkeit der Aufklärung zurückzuführen.

Auch hier möchte ich mich nach Möglichkeit an die

Worte von Oberst Schiel halten, der Gelegenheit hatte, sowohl mit Engländern als auch mit Zulus über die Schlacht zu sprechen.

General Wood unternahm von seinem bewaffneten Lager bei Kambula aus einen Vormarsch gegen den Berg Hlobane, auf dem eine große Viehherde der Zulu weidete. Er hatte jedoch versäumt, Kundschafter auszusenden. Er hätte sonst erfahren müssen, daß nicht weit von Hlobane eine starke Zulu-Armee lagerte. Hätte er mehr Erfahrung mit den Eingeborenen gehabt, so hätte er auch wissen müssen, daß die Zulu eine solche Viehherde nie so nahe der Grenze lassen würden, ohne sie gut zu bewachen.

Hlobane ist ein langer tafelförmiger Berg. Die untere

Hälfte ist steil und mit großen Felsblöcken bedeckt. Rund um den Berg erhebt sich senkrecht eine hohe Felswand, die nur auf der Ost- und Westseite auf gewundenen Felspfaden erstiegen werden kann.

In den Höhlen der Felswand und zwischen den großen Felsbrocken hielten sich über 1000 Zulukrieger zum Schutze der Viehherden verborgen. General Wood schickte nun einen Trupp Reiter, darunter auch eine kleine Abteilung Buren unter Piet Uys, übrigens die einzigen Buren, die auf englischer Seite am Zulukrieg teilnahmen, auf den Berg, um das Vieh zu holen.

Diese Abteilung geriet in den ihr gelegten Hinterhalt und wurde restlos aufgerieben; auch Uys und viele der Buren fielen. Auch die übrigen gegen den Berg eingesetzten Abteilungen gerieten in die ihnen gelegte Falle, so daß die ganze Schlacht bei Hlobane eine einzige Niederlage der Engländer wurde. —

Inzwischen kamen Verstärkungen aus England in Südafrika an und gegen Ende April stand eine englische Armee von 22 600 Mann den Zulus, die kaum über 30 000 Mann stark waren, gegenüber. Aber erst im Juli wurde die Entscheidungsschlacht bei Ulundi geschlagen.

Während des Zulukrieges fiel am 1. Mai 1879 der Prinz Napoleon. Auch über seinen Tod sind die verschiedensten

Gerüchte im Umlauf. Von Mitkämpfern des Zulukrieges, weißen sowohl wie schwarzen, wurde mir von diesem Unglücksfall berichtet, der sich nach sorgfältiger Abschätzung alles Gehörten ungefähr wie folgt abgespielt haben muß:

Prinz Napoleon hatte sich gegen den Willen der höheren Offiziere einer Patrouille angeschlossen. Während alle Teilnehmer kleine afrikanische Pferde ritten, ritt er einen großen schwarzen Hengst, der als wild und unbändig bekannt war. Gegen Mittag wurde Halt gemacht, und die gesattelten Pferde blieben in der Nähe des Lagerplatzes stehen. Unverhofft kam der Überfall der Zulus. Alle eilten zu den Pferden. Den Engländern gelang es, sich ohne weiteres auf ihre Pferde zu schwingen. Der Hengst des Prinzen aber war durch das Getöse unruhig geworden, und als der Prinz aufsteigen wollte, stieg er und warf seinen Reiter ab. Dann jagte das reiterlose Pferd hinter

den anderen her, die dadurch der Meinung waren, daß der Prinz ihnen folge. Erst als sich einer umsah, bemerkte er zu seinem Schrecken, daß das Pferd ohne Reiter war. Für die wenigen Leute wäre es hoffnungslos gewesen, umzukehren und den Versuch zu machen, den Prinzen zu retten. Als man mit Verstärkung zurückkehrte, fand man den verstümmelten Leichnam. Der Prinz war schon wiederholt darauf aufmerksam gemacht worden, daß es Unfug sei, auf einer Patrouille dieses große, unruhige Pferd zu reiten. Er war aber ein guter Reiter und verlachte die Warner. Nur ihn selbst trifft die Schuld. Es wäre unrecht, seine Kameraden für seinen Tod verantwortlich zu machen. —

Es war inzwischen den Engländern gelungen, Oham, einen von Cetewayos Brüdern, dem sie die Königskrone versprachen, zu bewegen, mit seiner ganzen sehr ansehnlichen Macht zu den Engländern überzugehen. Auch verschiedene andere Unterführer ließen sich bestechen und zogen ihre Truppen heimlich von Cetewayo zurück. So kam es, daß die englischen Truppen, als sie die jetzige Hauptstadt des Zululandes Ulundi erreichten, nur noch einen kleinen Teil des ursprünglichen Zuluheeres vorfanden. Nachdem seine Armee versprengt war, flüchtete Cetewayo nach dem Ingomawald. Sein Aufenthalt wurde aber verraten und Cetewayo wurde von den Engländern gefangengenommen, nach Kapstadt gebracht und nach St. Helena verbannt. Dank den Bemühungen der englischen Schriftstellerin Miß Colenso, der Tochter des Bischofs von Natal, und der englischen Gesellschaft für den Schutz der Eingeborenen, wurde Cetewayo gestattet, in seine Heimat zurückzukehren. Vor seiner Heimkehr wurde er nach England eingeladen, um dort einen Einblick in die englische Macht zu bekommen, um daraus zu erkennen, daß es sinnlos wäre, sich gegen eine solche Weltmacht aufzulehnen.

Aber noch sollte es keine Ruhe im Zululand geben. Die Engländer hatten das Land unter den Brüdern Cetewayos aufgeteilt. Es kam wieder zu internen Kriegen, in denen Cetewayo durch seine Gegner, die unter Führung eines Engländers namens Colenbrander standen, besiegt wurde. Zum zweiten Male wurde Ulundi, seine Hauptstadt, zerstört. Cetewayo wurde auf der Flucht von einem Zulu der Gegenpartei eingeholt und als dieser nach ihm stach, um ihn niederzustoßen, versuchte er den Stich mit dem bloßen Arm

abzuwehren. Der Assegai zerschnitt den Arm und drang unterhalb der Schulter in die Brust. Als ihm Cetewayo zurief: ‚Du Hund, du willst den König töten', erfaßte den Zulu Schrecken und er floh. Bald darauf ist dann Cetewayo, der sich unter englischen Schutz gestellt hatte, gestorben.

Mit ihm starb der letzte der großen Zulu-Despoten, von denen es keiner verstanden hat, aus den Siegen, die er erfochten hatte, Nutzen für sich und sein Vaterland zu ziehen.

Aber immer noch blieb das Zululand ein Herd der Unruhe. Der älteste Sohn Cetewayos und dessen Erbe, Dinizulu, hatte sich unter den Schutz der Buren gestellt, die, um endlich die Ruhe wieder herzustellen, beschlossen, ihn zum König zu krönen. Als Vorbild diente den Buren dabei die seiner Zeit durch Shepstone vorgenommene Königskrönung Cetewayos.

Ein Trupp Freiwilliger, dem auch der Deutsche Schiel angehörte, zog nun ins Zululand, um endgültig alle Unzufriedenheiten zu klären und den Grenzfarmern die wohlverdiente Ruhe zu verschaffen.

Ohne daß die englischen Behörden etwas davon erfuhren, wurde Dinizulu, der sich verborgen gehalten hatte, aus dem Inkanhlawald geholt. Alle Häuptlinge der Königspartei wurden zusammengerufen, um an der Krönungsfeier des jungen Königs teilzunehmen. Die größte Gefahr bestand darin, daß die Engländer den von ihnen eingesetzten Häuptling Usipebu unterstützen und die Königswürde Dinizulus nicht anerkennen würden.

Am 21. Mai 1884 sollte die Königskrönung von Dinizulu stattfinden. Alles sollte so feierlich wie möglich zugehen. Aber wie es gemacht werden sollte, darüber wurden sich die Geister keineswegs einig. Es ist ja schließlich nicht so einfach, im wilden Afrika ohne große Vorbereitungen einen König zu krönen, und zu dieser wichtigen Staatsangelegenheit das richtige Programm zusammenzustellen. Mittel dazu waren auch nicht vorhanden.

Woher sollten die nötigen königlichen Regalien kommen, in einem Burenlager, wo man noch nicht einmal einen Fetzen Zeug für eine Fahne finden konnte? Aber die Buren ließen sich durch solche Kleinigkeiten nicht aus der Ruhe bringen. Schließlich hatte ja auch Shepstone Cetewayo gekrönt und was der konnte, sagten sie, das können wir auch! Nun hatte allerdings Shepstone, dem ja die Mittel des gesamten britischen Weltreiches zur Verfügung standen, Cetewayo eine richtige goldene Krone aufgesetzt. Es wird zwar kein echtes Gold gewesen sein, aber es hat sicher in der afrikanischen Sonne ebenso schön geglänzt. Und das war ja schließlich die Hauptsache. So machte man sich denn daran, aus einer alten Petroleumdose eine Theaterkrone zu fabrizieren, die noch mit einigen künstlichen Blumen von einem alten Frauenhut, den die jungen Buren gemopst hatten, geschmückt wurde. Viel Kopfzerbrechen machte das Zepter, aber auch über diese Schwierigkeit kam man hinweg. Einem Schimmel mit langem Schwanz wurden die Schwanzhaare abgeschnitten und ihm dafür der Schwanz nach der neuesten englischen Mode gestutzt. Der abgeschnittene Schwanz wurde nun an einem kurzen Stock befestigt und mit schönen bunten Lappen umwickelt. Das Ganze ergab dann das königliche Zepter.

Leider waren alle diese Vorbereitungen vergeblich, denn die Krönung fand ganz anders statt, als sich die Buren vorgenommen hatten. Ich will mich jetzt soweit wie möglich an die Worte von Schiel halten, der die Vorbereitungen und die Krönungsfeierlichkeit in humorvoller Weise schildert.

Um die Regalien und den purpurnen Königsmantel, der aus einer alten Pferdedecke zurechtgeschnitten war, auszuprobieren, wurde ein alter einäugiger Negerdiener, der alte Klaas, herangeholt und als Majestät ausgeputzt. Er muß schon zum Schreien ausgesehen haben, der gute alte Klaas, der ohnedies ein Scheusal von Häßlichkeit war, wie er da stand, ganz verdattert, mit seinen dicken Wulstlippen und der leeren Augenhöhle, dazu die Blechkrone auf dem Kopf, die rote Decke als Purpurmantel umgehängt. In der einen Hand hielt er das Pferdeschwanzzepter und in der anderen einen Kürbis mit einem kleinen Holzkreuz. Dies sollte den Reichsapfel darstellen. Um die Hüften hatte man ihm einen Kavalleriesäbel geschnallt, denn das Reichsschwert durfte doch nicht fehlen.

Bei diesem Anblick konnte keiner ernst bleiben. Das ganze Lager, schwarz und weiß, brüllte vor Lachen.

Ganz betrübt sagte der Alte: ‚Kieken doch, Meynherr, nu wollen dei Jungens noch een Uil van my maken.‘

Dieser alte Neger, der lange bei einem hannoverschen Missionar in Diensten gestanden hatte, sprach eine Mischung von Plattdeutsch und Holländisch.

Noch mehr gekränkt als der alte Neger waren aber die jungen Buren, die mit soviel Mühe die königlichen Regalien hergestellt hatten und es nicht begreifen konnten, daß man ihnen nicht die erwartete Bewunderung zollte. Als nun die Neckerei immer weiter ging, da wurde es dem alten Klaas doch zu viel und voller Wut warf er einem kleinen Burenjungen, der ihn neckte, den Reichsapfel an den Kopf, daß diesem die Kürbissauce um die Ohren floß. Dann warf er Zepter und Krone hin und ging laut schimpfend von dannen.

Fest stand jedenfalls, daß so die Königskrönung nicht vonstatten gehen konnte. Die Zulu haben, wie alle Neger, wenig Sinn für Humor, und wenn man ihren König wie einen Zirkusaffen herausgeputzt hätte, so hätten sie es übel genommen und die ganze Krönung wäre in das Gegenteil umgeschlagen und hätte nur böses Blut gemacht.

Jetzt war guter Rat teuer. Alles zergrübelte sich den Kopf. Die Buren sagten: Wir haben noch nie einen König gehabt und wissen es nicht, wie es bei einer Königskrönung zugeht, das müssen die Ausländer wissen, die bei uns sind. Da war es Schiel, dem plötzlich eine glänzende Idee kam.

Einer seiner Freunde kam und erbat etwas Öl, um sein Gewehr zu reinigen. Der alte Klaas brachte nun Öl und goß etwas aus. Als Schiel das tropfende Öl sah, kam ihm plötzlich eine wundervolle Idee. ‚Halt', sagte er, ‚die Buren sprechen ja immer von der Salbung Dinizulus, nie von einer Krönung. Also salben wir doch einfach den König. Dazu brauchen wir keine Königsregalien. Saul und David wurden auch gesalbt und eine Flasche Rhizinusöl habe ich noch.' —

Es wurde nun ein neues Programm entworfen, nachdem die Salbidee bei den Buren allgemeinen Anklang gefunden hatte. Es ist verständlich, wenn man die Buren kennt, die ganz mit der Bibel leben und diese Sitte aus dem alten Testament kennen. Besonders gefiel ihnen die Idee vielleicht auch deshalb, weil sie sich von der Krönung Cetewayos durch die Engländer unterschied. Auch den Zulus mußte hiermit gedient sein, denn sie würden wahrscheinlich das Öl für eine Zaubermedizin halten.

An dem Tage, an dem die Feier stattfinden sollte, wurden sämtliche Häuptlinge der Königspartei mit ihren Impis versammelt. Im großen Halbkreis waren sie aufmarschiert. In der Mitte stand ein Burenwagen, der als Tribüne für die Zeremonie dienen sollte. In voller Bewaffnung standen die Freiwilligen zu beiden Seiten des Ochsenwagens.

Als alles bereit war, ritt Dinizulu, gefolgt von einigen Buren, in den Kreis. Die Buren hatten ihm am Tage vorher zu seiner Krönung einen Schimmel geschenkt, und zwar denjenigen, dessen Schwanzhaare eigentlich als Zepter dienen sollten. Vor dem Wagen stieg der zu salbende König mit seinem Gefolge vom Pferde und kletterte auf den Ochsenwagen. Dinizulu war in europäischer Kleidung, Reithose, Ledergamaschen und einem braunen Rock!

Erwartungsvoll schauten die Zulukrieger auf ihren neuen König. Nachdem die Spannung aufs äußerste gestiegen war, las Schiel mit lauter Stimme eine Proklamation ab. Dann begann er Dinizulu das Rhizinusöl langsam über den Kopf zu gießen. Das klebrige Zeug lief Dinizulu über den Kopf und das Gesicht, bis diesem schließlich die Sache über wurde.

‚Hör auf, Matewan (Schiels Zuluname, der bedeutet: Mann mit dem Schnurrbart)!'

‚Halt den Mund', entgegnete Schiel, ‚du mußt die ganze Krönung über dich ergehen lassen.'

‚Pfui Deubel', sagte Dinizulu, ‚hör bloß auf, die Schmiere läuft mir ja schon in die Augen und Ohren!'

‚Nur Ruhe', antwortete Schiel, ‚das gehört nun mal dazu!'

‚Ich trete dich vor den Bauch', rief Dinizulu, spuckend, dem das Öl auch in den Mund lief.

‚Dann werfe ich dich vom Wagen, mein Söhnchen', rief Schiel. Endlich war die Proklamation zu Ende, die Flasche leer und Dinizulu glänzte wie ein Ölgötze. Teilweise war ihm das Öl am Körper entlang gelaufen, so daß es unten an den Gamaschen herauskam. Nach Beendigung der Zeremonie wurden die Pferde wieder bestiegen, und unter dem Beifallsjubel der Zulus und dem Knattern der Flinten der Freiwilligen, ritt der neu gesalbte König die Front ab.

So wurde Dinizulu, der Sohn des großen Cetewayo, zum König gekrönt. Jener Dinizulu, den ich noch persönlich kennen gelernt habe.

Aber auch mit der Krönung Dinizulus gab es noch keinen Frieden. Immer wieder kam es zu inneren Kämpfen, so daß schließlich die englische Regierung sich entschloß, im Jahre 1887 das Land endgültig in Besitz zu nehmen. 1888 hat es Dinizulu dann noch einmal versucht, sich gegen die Engländer aufzulehnen. Aber dieser Aufstand dauerte nur kurze Zeit. Auch Dinizulu wurde damals verbannt, doch verhältnismäßig schnell wieder begnadigt.

1897 wurde Zululand mit Natal vereinigt.

Im Jahre 1899 kam ich nach Zululand. Die Jahre, die ich dort verbrachte, waren ruhig und friedlich. Um so erstaunter war ich, als ich im Jahre 1906 hörte, daß wieder ein Aufstand dort stattgefunden hatte, und zwar diesmal unter den Häuptlingen Bambata und Siganandi. Es kam zu einigen scharfen Kämpfen, aber die Zulu waren nicht mehr imstande, gegen moderne Waffen anzutreten. Und so wurde dieser Aufstand schnell unterdrückt. Trotzdem sah es im November 1907 wieder so aus, als wenn es zum Aufstand kommen sollte und die englische Regierung sah sich genötigt, Dinizulu zu verhaften, aber zum Kampf kam es nicht.

Jahre vergingen. Als ich im Jahre 1931 Zululand wieder besuchte, da war auch Dinizulu gestorben und an seiner Stelle regierte oder vielmehr führte eine Scheinregierung, sein Nachkomme Solomon ka Dinizulu. —

So, meine jungen Freunde, das ist die Geschichte der Zulus in Kürze erzählt. Sie werden vielleicht glauben, daß die Zulus kriegerische und mörderische Wilde sind. Aber das ist keineswegs der Fall. Bevor Tschaka, dieser Despot, die Herrschaft an sich riß, waren die Zulus ein friedfertiges Volk. Ihre kleinen Grenzkriege verliefen harmlos. Sobald ein Mann verwundet oder getötet war, brachen sie den Kampf ab. Sie müssen in jenen Tagen, als sie noch ein kleiner Stamm waren, meinen Walundafreunden in Angola in ihrer Kriegsführung jedenfalls geähnelt haben, deren Kriege laut und geräuschvoll waren, dafür aber desto unblutiger. Wer den meisten Krach machte, hatte die Schlacht gewonnen. So muß es auch bei den Zulus vor Tschakas Zeiten gewesen sein.

Die Geschichte der Zulu gibt wieder ein treffendes Beispiel, wie ein Despot es vermag, friedliche Menschen in blutdürstige und grausame Wilde zu verwandeln. Aber jede Grausamkeit rächt sich auf Erden. Und so sind auch diese Zuludespoten unter den rächenden Händen ihrer eigenen Landsleute gefallen. Die Zulu brachten den Mut auf, sich von ihren Despoten selbst zu befreien.

In Verbindung hiermit sind die Worte von Bedeutung, die der Weltreisende und erfolgreiche Afrikaforscher Eduard M o h r in Jahre 1875 über die Matabele, die — wie ihr ja gehört habt — von Zuluabstammung sind, schrieb:

‚Es verrät doch einen hohen Grad geistiger Indolenz, wenn eine Nation es auf die Dauer vorzieht, sich despotisch regieren zu lassen, und dies ist bei sämtlichen Negerstämmen Südostafrikas der Fall; damit beweisen sie, daß sie zu faul zum Denken und zum Handeln aus sich selbst heraus sind; freiwillig begeben sie sich somit in eine Art von Abhängigkeit, die der Beginn der Sklaverei ist. Aber hört nun plötzlich der für sie notwendige Druck von oben auf, an den sie von jeher gewöhnt waren, so wird ihnen die Freiheit, die sie nicht zu gebrauchen verstehen, eine Last, daher jener an Rebellion und Gesetzlosigkeit grenzende Zustand, der immer nach dem Tode des Alleinherrschers eintritt, und den wir jetzt hier in der schönsten Blüte vorfanden.'

Wie die Zulu heute leben und wie ich sie kennen gelernt habe, und von ihren Sitten und Gebräuchen will ich Ihnen ein andermal erzählen!"

Peter und Heinz erhoben sich, wir verabredeten eine neue Zusammenkunft, und Peter schlug als Treffpunkt eine Bank im Stadtpark vor, auf der man sich am Vormittag ungestört ein paar Stunden unterhalten könnte.

„Und Ihre Kollegs?" drohte ich mit dem Finger.

„Die holen wir nach", lachte Heinz, und sie gingen mit herzlichen Dankesworten.

ZWEITER TAG

1

Schaffung der Despoten-Herrschaft.
Aufbau des Spionage-Netzes.
Bantusprachen. Rassenprobleme.

Als ich am verabredeten Tage pünktlich die bezeichnete Bank aufsuchte, kamen mir meine jungen Freunde schon entgegen.

„Nun erzählen Sie uns bitte doch noch von Ihren persönlichen Erlebnissen und Eindrücken in Zululand, von den Sitten und Gebräuchen Ihrer Negerfreunde, die Sie immer mit Bantu bezeichnen."

„Halt!" gab ich schmunzelnd zur Antwort. „Da sind Sie schon wieder auf dem Holzwege. Denn die Bantu unterscheiden sich sehr von den reinrassigen Negern. Das Wort ‚Bantu' bedeutet eigentlich Mensch. So heißt es in Kisuaheli: ‚Mensch' = mtu, ‚Menschen' =watu, also ganz ähnlich wie Bantu.

Eigentlich ist das Wort ‚Bantu' mehr eine Sprachbezeichnung als die Bezeichnung eines Stammes. Mein verstorbener Freund und Gönner, der berühmte Afrikaforscher und Wissenschaftler Sir Harry Johnston, stellte nicht weniger als 274 Bantusprachen und Dialekte fest. Die Bantusprachen sind von großer Ausdrucksfähigkeit und enthalten viele Vokabeln.

Es ist eine sicher zu beachtende Tatsache, die in späterer Zeit einmal von großer Bedeutung sein kann, daß das hamitische Blut, welches den Bantu so grundlegend von den reinblütigen Negern unterscheidet, aus zirkassischem Stock stammt, also europäischen Ursprungs ist, so daß der Bantu dem Europäer näher verwandt ist als den schwarzen, gelben oder roten Rassen. Wieder ein Beispiel, daß man mit den Rassenvorurteilen sehr vorsichtig sein muß und sie als freier vernünftiger Mensch ganz entschieden ablehnen soll.

Der Europäer in seiner ihm angeborenen Überheblichkeit ist leicht geneigt, den Eingeborenen fremder Länder, gleichgültig welcher Farbe sie sein mögen, mindere Intelligenz zuzusprechen. Wenn wir nur die Zulus, über die wir uns ja heute unterhalten, herausgreifen und die Intelligenzprüfungen betrachten, so kommen wir zu dem Resultat, daß diese Untersuchung auch nicht den geringsten erweisbaren Unterschied gegenüber den Europäern erbrachte. Aus einer ganzen Reihe von Untersuchungen, aus denen wir 243 an Zulu vorgenommene herausgreifen wollen, konnte dieser Beweis erbracht werden, der sehr leicht zu fälschen ist, wenn man Eingeborene einer Intelligenzprüfung unterwirft und hierfür Mittel benutzt, die auf Europäer abgestimmt sind. Solche sind aber trügerisch. Sie würden genau so trügerisch für den Europäer ausfallen, wenn man für ihn Mittel benutzen würde, die wieder den Test-Methoden für außereuropäische Rassen entsprechen würden.

Dies vorausgeschickt, will ich Ihnen gern noch etwas von Zululand und seinen Menschen erzählen."

2

Mein Leben in Zululand.
Geheimsprachen.
Männliche Kindermädchen.

„Jetzt muß ich aber sehr vorsichtig sein, denn ich liebe Zululand, in dem ich die schönsten Jahre meiner Jugend verbracht habe. Ich sehe es daher mit den Augen eines Liebenden und Sie wissen ja, daß Liebe immer blind macht. Warum sollte es daher nicht möglich sein, daß das, was ich schön finde, bei anderen nüchternen Menschen genau das gegenteilige Gefühl auslöst.

Ich war 18 Jahre alt, als ich nach Zululand kam, also gerade in einem sehr aufnahmefähigen Alter. Andererseits war ich aber zu jung, um mich ernstlich mit wissenschaftlichen Problemen zu beschäftigen. Jagd und Reitsport, verbunden mit vorsichtig ausgegebenen Dosen Dienst füllten mein Leben, ein Leben, so froh und sorglos, wie ihr es nie kennen lernen werdet.

Mit den Zulu verstand ich mich prächtig. Sie schienen mich gern zu haben, denn ich war, das darf ich heute wohl sagen, ein sehr guter Reiter und Schütze. Das schätzen die

Zulu. Sie nannten mich Isipaqua, Kerze, weil ich so schlank war. Ein Abenteuer mit einem angreifenden Büffel machte mich im Lande bekannt.

Bald hatte ich soviel von ihrer Sprache erlernt, daß ich an ihren Unterhaltungen teilnehmen konnte.

Man darf aber keineswegs glauben, daß derjenige, der die Zulusprache beherrscht, sich nun mit ihnen, wenn auch noch so fließend, unterhalten kann, vollkommen in alle Geheimnisse dieser schönen Sprache eingeweiht ist.

Es gibt nämlich eine Reihe von Geheimsprachen, die nur wenigen bekannt und die selbst diejenigen nicht verstehen, die sozusagen mit der Zulusprache aufgewachsen sind. Ein gutes Beispiel hierfür gab mir unser Bezirksamtmann, oder wie es dort hieß, unser Magistrat. Er war in Natal geboren und sein Kindermädchen war ein Zuluboy gewesen. Das klingt paradox, nicht wahr? Aber in Afrika sind die Kindermädchen fast immer Jungens. Jedenfalls hatte er, und das ist typisch für afrikanische Kinder, früher Zulu gesprochen als Englisch. Auch seine Frau, eine geborene Colenbrander, war in Natal geboren und sprach Zulu wie ihre Muttersprache, wozu sie der in Zululand so berühmte Name Colenbrander direkt verpflichtete. Beide mußten aber zugeben, daß sie die Geheimsprachen nur teilweise beherrschten.

Unter den Geheimsprachen stechen zwei besonders hervor: die sogenannte Königssprache, das ist die, die nur von Mitgliedern des königlichen Hauses gesprochen werden durfte, und die Frauensprache. So sprechen z. B. Schwiegermütter nie den Namen des Schwiegersohnes aus. Sind sie gezwungen, ihn zu rufen oder ihn anzusprechen, so müssen sie dabei stets seinen Namen umgehen. Sie müssen auch, um gar nicht den Namen des Schwiegersohnes auszusprechen, alle Wörter, in denen der Name oder auch nur die Stammessilbe dieses Namens vorkommt, ändern.

Wir hatten ja schon den Namen Dabulamanzi. Da manzi, richtig amanzi, Wasser bedeutet, so durfte seine Schwiegermutter das Wort ‚Wasser' nicht aussprechen, sondern mußte es umschreiben und dafür das Wort ‚amayiwa' benutzen.

So gibt es in der Frauensprache, in der alle möglichen Worte umschrieben sind, Ausdrücke, die selbst guten Kennern der Zulusprache unbekannt sind; sie sind daher nicht imstande, den Unterhaltungen der Frauen zu folgen.

Über die sogenannte Königssprache kann ich nur sagen, daß mir von Kennern versichert wurde, daß sie für den Uneingeweihten nicht zu verstehen sei; persönlich habe ich sie überhaupt nicht kennen gelernt."

3

Das schöne Zululand. Grasfeuer. Das Land schwitzt. Wildreichtum. Mord der Unschuldigen.

„Jetzt müssen wir aber wirklich erst mal das Land kennen lernen, bevor wir uns weiter mit den Menschen beschäftigen. Das Zululand ist wellig, kleine Hügel sorgen für Abwechslung. Außer einigen großen Flüssen durchziehen auch viele Bäche das Land. Angeschmiegt an die Hügel liegen die Kraals, die Dörfer der Eingeborenen.

Als ich das Land zum erstenmal sah, war es grün; prächtige Viehweiden zogen sich an den Abhängen der Hügel hin, auf denen fette Rinder grasten. Doch eines Morgens, als ich herausschaute, schien alles verändert. Ich rieb mir die Augen, glaubte zu träumen, denn das Grün hatte eine goldene Färbung angenommen und nach einer Woche heißer tropischer Sonne war es braun.

‚Das Gras ist tot', sagte ich zu einem neben mir stehenden alten Zulu.

‚Nein', entgegnete er, ‚es ist reif.'

Wo lag da der Unterschied? Jedenfalls schienen die Rinder keinen zu finden, die mit demselben friedlichen Wohlbehagen das braune Gras rupften.

Bezeichnend war dieser Ausspruch für die Zulu, die den Tod nicht anerkennen. Aber darauf werden wir später noch zu sprechen kommen.

Als die Trockenheit sich ihrem Ende zuneigte, da lagerte ich eines Tages mit meinem kleinen Patrouillenzelt auf einem Jagdzug im schönen Wildrevier. Um mich herum, in geraumer Entfernung, wurden die Grasfeuer von den Eingeborenen entzündet. Die Rauchwolken begannen, den Himmel zu verdunkeln. In den Rauch stießen die Milane und andere Raubvögel hinein, um dort ihre Beute zu finden, die aus Reptilien, Mäusen und anderen kleinen Tieren bestand, die verbrannt oder vom Feuer betäubt waren.

Die Grasfeuer werden von den Eingeborenen entzündet, um das Überwuchern des Landes mit hohem, verfilztem Gras zu verhindern. Gleichzeitig wird hierdurch für frischen Grasnachwuchs gesorgt und möglichst viele Schädlinge werden vernichtet.

Dann kam der Abend, und mit Einbrechen der Dunkelheit schienen die Hügel mit goldenen Ketten umwunden, die langsam nach oben strebten, wo sie sich zu einer Feuerkrone vereinten, die langsam erlosch, wonach alles in tiefe Dunkelheit versank.

Der Mond segelte über den Himmel vom westlichen Horizont, begleitet von einer Phalanx schwarzer dunkler Wolken und beschien zuckend die weite Steppe mit ihren zerstreuten Buschgruppen. Dann überzog sich der Himmel, und die Nacht wurde kühl und unfreundlich. Eine schwere schwarze Wolke zog über den Himmel, aus der einige große kalte Regentropfen fielen und auf die Erde klatschten.

Am nächsten Morgen war es bitter kalt. Aber der kühle wolkige Morgen wurde von der Sonne verzehrt. Dann wurde der Himmel blau. Hoch oben am Firmament, nicht wegzudenken aus der afrikanischen Landschaft, segelten in weiten majestätischen Kreisen ein Aasgeier mit seinem Weibchen, die Wächter des Todes.

Ich lasse meine Augen über die Landschaft schweifen und kann nicht glauben, was ich sehe. Denn das schwarze Leichentuch des gebrannten Grases wurde von kleinen grünen Spitzen durchbrochen, die der Regen der vergangenen Nacht hervorgezaubert hatte.

‚Das Land schwitzt', erklärte der mich begleitende alte Zulu.

Wenn man auch in Zululand das Gras nicht wachsen hören kann, so kann ich Ihnen doch die Versicherung geben, daß man dort tatsächlich das Gras wachsen s e h e n kann.

Ich weiß nicht, ob Ihnen diese Schilderung schon einen Begriff des Landes gibt?

Hinter dem welligen Gelände, das von der Küste sanft

ansteigt, erheben sich zerklüftete Berge und im sogenannten Tiefland, an den beiden Umvoloziflüssen, dem schwarzen und dem weißen, wächst dichter Dornbusch, in dem sich das Großwild, Nashörner und Büffel, gern aufhält.

Zululand war früher sehr wildreich. Aber das Wild mußte mehr und mehr der vordringenden Zivilisation weichen. Es wurden dann Wildreservate angelegt. Aber da es in diesen Reservaten keinen Löwen gab, denn die waren schon vorher so gut wie vollständig vernichtet, nahm das Wild derartig zu, daß es auswanderte und die Tsetsefliege mitschleppte. Dies bedeutete angeblich den Tod für die Rinderherden der Zulu und der Europäer, die sich im Lande niedergelassen hatten. So wurden Vernichtungsfeldzüge gegen das Wild eröffnet.

Es begann der Mord der Unschuldigen. In einem Jahre wurden 120 000 Gnus und Zebras abgeschossen.

Und wenn man heute durch das Land reist, wo früher die Wildherden ästen, so möchte man bittere Tränen vergießen. Man darf gar nicht daran denken, und das fühlte ich besonders, als ich 1932 wieder durch Zululand reiste, daß dort, wo man heute nicht ein einziges Stück Wild sieht, früher Kudus, Gnus und viele andere Antilopenarten gelebt hatten. Noch trauriger ist es, wenn man hört, daß, nachdem alle diese Tiere abgeschossen waren, es sich noch gar nicht als sicher bewiesen hat, ob sie tatsächlich die Tsetsefliege verbreitet haben.

Ich bin wohl ein Träumer und kann mich mit den brutalen Realitäten des Lebens schwer abfinden. Ich liebe die Wildnis, die Romantik des Unberührten. Ich glaube, daß man, um Zululand mit dem Herzen zu verstehen, Rider Haggards, jenes großen englischen Schriftstellers, Sagas über das Land gelesen haben muß. Alle diese Romantik war schon im Jahre 1932, als ich das letztemal dort war, im Aussterben und dürfte heute, besonders nach den Einwirkungen des hinter uns liegenden Krieges, der sich trotz aller Entfernung auch auf Südafrika ausgewirkt hat, vollkommen vernichtet sein."

4

Wir besuchen einen Zulu-Kraal. Zeremonien.
Eine Häuptlingshütte. Weltanschauung der Zulu.
Der Gedanke des Kreises. Ein Zulu-König.
Begrüßung. Giftprobe.
Verschiedene Frisuren und ihre Bedeutung.

„Nach diesem kurzen Überblick über das Land und seine Geschichte, wollen wir jetzt einmal ein Zuludorf, einen Kraal, aufsuchen. Es würde aber gegen die guten Sitten verstoßen, wenn man hier so ohne weiteres hineinmarschieren würde. Wir müssen einen unserer Diener vorschicken, um unsere Ankunft zu melden. Wir steigen von den Pferden und warten, bis er mit einem Boten, der den Titel incegu führt, herauskommt, der uns genau ausfragt, woher wir kommen und gehen und welches der Zweck unseres Besuches sei. Wenn dies heute auch alles nur noch Förmlichkeiten sind, so tut man doch wohl daran, die alte Sitte zu achten.

Früher konnte es tage- und wochenlang dauern, bis ein Fremder überhaupt in den Königskraal zugelassen wurde. Und wie es überall in der Welt ist, so mußte man auch hier dem Lakaien, denn schließlich ist ein incegu ja weiter nichts als ein Lakai, schmieren, um möglichst schnell Einlaß zu bekommen. Denn wenn der incegu dem König mitteilte, daß der Einlaßbegehrende ein gleichgültiger Bettler sei, da dachte der gar nicht daran, Einlaß zu gestatten und es kümmerte ihn wenig, ob es ein Weißer war oder nicht.

Die Zuluhütten unterscheiden sich von den Hütten der Eingeborenen in Zentralafrika dadurch, daß sie keine Lehmmauern kennen, sondern wie ein riesiger Bienenkorb wirken. Das Dach geht sozusagen bis auf die Erde herunter. Die Herstellung einer solchen Hütte erfordert nicht viel Zeit. Zuerst werden junge Bäumchen netzförmig aneinander gebunden, so daß ein Gerippe entsteht, das dann kunstvoll mit Gras durchflochten und umwickelt wird. Fenster sind selbstverständlich unbekannt. Luft und Licht müssen sich durch die niedrige Tür, die gerade weit genug ist, daß ein erwachsener Mensch gebückt durchgehen kann, ihren Zutritt erkämpfen.

Auch die Häuptlingshütte, selbst des mächtigsten Königs, unterscheidet sich außer durch ihre Größe nicht im geringsten von den Hütten der Untertanen. Verzierungen im Innern oder Äußern sind unbekannt. Das schönste an den Zuluhütten ist der mit Liebe und Sorgfalt hergestellte Fußboden, der aus Lehm von Termitenhügeln gemacht wird. Dieser Lehm wird von den Frauen ganz fein gemahlen und in feuchtem Zustand mit Steinen festgeklopft

Ist der Boden ganz glatt und trocken, so wurde er früher bei reichen Leuten mit Fett poliert. Persönlich habe ich aber nur Fußböden gesehen, die mit einem dünnen Brei aus Wasser und Kuhmist bestrichen wurden. Dies wird solange fortgesetzt, bis sich eine Schicht gebildet hat, die, nachdem sie einen tiefen schwarzen Glanz angenommen hat, an Ebenholz erinnert. In der Mitte der Hütte finden wir den Feuerplatz, eine ungefähr $^3/_4$ m im Durchmesser große Vertiefung. Wie überall in Afrika, so unterhalten auch die Zulu in ihren Hütten ein ständiges Feuer, und da es dort im Lande nachts bitterkalt wird, ist dies verständlich. Der Rauch muß sich nach Möglichkeit einen Ausweg nach oben suchen. Hierdurch sind die Decken der Hütten braun gefärbt. Aber immer bleibt die Tür, die Luft und Licht einlassen soll, gleichzeitig der Hauptabzugsweg für den Rauch. Das Feuer in der Hütte dient zur Erwärmung, während in besonderen kleineren Hütten gekocht wird.

Wenn man zuerst die Zuluhütte betritt, so glaubt man, ersticken zu müssen. Aber eigentümlicherweise gewöhnt man sich sehr schnell und kann stundenlang im schwelenden Rauch sitzen, ohne auch nur husten zu müssen.

Jeder Zulu-Induna hat eine Hütte für sich. Sie ist selbstverständlich die größte im Kraal. Die Frauen haben ihre eigenen Hütten, in denen sie mit ihren Kindern leben.

Junge unverheiratete Männer und auch Mädchen leben wieder für sich. Wo mehrere Familien einen Kraal bewohnen, gibt es eine sogenannte Männer- und eine Frauenhütte, in denen die Jugendlichen aller Familien getrennt nach Geschlecht leben.

In früheren Jahren kannte der Zulu zur Beleuchtung nur das Tambukigras. Findet in der Hütte nach Dunkelheit eine Besprechung statt, so kommt ein junges Mädchen, die ein Bündel dieses Grases bringt, von dem die trockenen um den Stengel sitzenden Blätter entfernt sind. Schweigend setzt sie sich an den Feuerherd und zündet einen Grashalm nach dem anderen an, den sie, während er langsam verbrennt, hochhält, so daß die Flamme den Anwesenden genügend Licht gibt.

Es hat lange Zeit gedauert, bis die Zulu sich an eine andere Beleuchtung gewöhnen konnten, trotzdem in allen Eingeborenen-Stores (Läden) Petroleumlampen und Stearinkerzen für billiges Geld zu haben waren. Besonders die großen Häuptlinge hielten zäh an dem alten Brauche fest.

Betrachten wir einen Zulukraal, so spiegelt sich in dessen Anlage die Weltanschauung des Volksstammes wider.

Der Zulu stellt sich seine Welt als einen Kreis vor, in dessen Mittelpunkt der große Unkulunkulu, also Gott steht, den er sich aber nicht als ein höheres Wesen vorstellt, das in seiner unsichtbaren Welt über ihm schwebt, sondern er ist eben der erste, aus dem dann alle Zulu hervorgegangen sind.

In dem großen Kreis stehen wieder kleinere Kreise, von denen der Kreis, dessen Mittelpunkt der König ist, der nächstgrößere ist, dann kleiner werdend bis zum Dorfhäuptling und Familienvorstand.

Ein Zulumythos, der mit der Schöpfungsgeschichte zusammenhängt und in dem das Chamäleon, das bei den Zulu wie bei den meisten anderen Volksstämmen Afrikas eine bedeutende Rolle spielt, die Hauptperson ist, lautet ungefähr folgendermaßen:

Unkulunkulu, dieses Wort bedeutet wörtlich ‚der ganz Große', schickte das Chamäleon zu den Menschen, um ihnen zu sagen, daß sie unsterblich seien. Kurz nachdem das Chamäleon fortgegangen war, änderte er aber seine Meinung, denn er hatte eingesehen, daß die Menschen es nicht verdienten, ewig zu leben. Während nun das faule und langsame Chamäleon auf seiner Wanderung sich auf jedem Busch niederließ, um dort in aller Ruhe Fliegen zu fangen, hatte es seinen Auftrag schon ziemlich vergessen. Unkulunkulu sandte nun die schnelle Eidechse, die den Menschen die Botschaft überbringen sollte, daß sie doch sterben müßten. Die aber lief so schnell sie konnte zu den Menschen, richtete ihren Auftrag aus und kehrte wieder zurück. Inzwischen erinnerte sich aber auch das Chamäleon seines Auftrages und als es im ersten Kraal der Menschen angelangt war, rief es ihnen zu: ‚Unkulunkulu hat bestimmt, daß ihr nicht sterben sollt!'

Aber da sagten die Menschen: ‚Du bist faul und langsam und kommst zu spät. Die Eidechse war schon hier und hat uns mitgeteilt, daß wir doch sterben müssen'.

So wie der ganze Gedankengang der Zulu sich auf einen Kreis konzentriert, in dessen Mittelpunkt immer die Hauptperson jedes einzelnen Kreises steht, so haben sie auch ihr Dorf, ihren Kraal, angelegt. Hier ist der Mittelpunkt der Kraal für das Großvieh. Denn das Großvieh ist kurz gesagt das Leben der Zulu. Vom Vieh geht sein Leben aus, denn nur mit Vieh kann er oder konnte er jedenfalls in früheren Jahren Frauen kaufen, so daß derjenige, der kein Vieh besaß, kinderlos bleiben mußte. Die Größe des Viehkraals richtet sich nach dem Reichtum des Induna, des Kraal-Herrn. Der Viehkraal ist mit einem Zaun, manchmal auch mit einer Mauer umgeben.

Um den Viehkraal herum liegen die Hütten, oder besser gesagt, Hüttengruppen. In der Mitte die Hütte des Familienoberhauptes, herum die Hütten der Frauen und Jungleute. Um das ganze Dorf herum wieder ein Zaun aus Dornbüschen, oder seltener, eine Steinmauer.

Wie ich schon früher sagte, liegen die Kraals meist an einen Hügel angeschmiegt. Der Haupteingang befindet sich an der unteren Seite. Von hier aus gesehen, liegen rechts zwischen dem Viehkraal und der Dorfumzäunung ‚die Hütten der rechten Hand'. Diese Kraalseite nennen die Zulu uhlangoti olokulu, die große Seite.

Auf der linken Seite des Viehkraals finden wir die ‚Hütten der kleinen Seite'. Gegenüber dem Eingang, aber hinter dem Viehkraal, steht die große Hütte der Hauptfrau.

Ich hoffe, daß Sie sich nach dieser kurzen Beschreibung ein ungefähres Bild eines Zulukraals machen können.

Heute hat sich auch hier schon vieles geändert. Wie überall in Afrika, so sterben leider auch bei den Zulu ihre alten ehrwürdigen Gebräuche und Sitten aus.

Früher war es einem Zulu absolut unmöglich, ein viereckiges Haus zu bauen oder überhaupt den Begriff des Vierecks in sich aufzunehmen. Der Gedanke des Kreises war so fest in ihm verwurzelt, daß er sich auch bei den primitivsten Bauten nicht davon frei machen konnte. Heute, wo die meisten Zulu schon für Europäer gearbeitet haben, fangen sie auch schon an, viereckige Häuser zu bauen. Der jetzige Zulukönig, der offiziell allerdings nur der Häuptling eines Bezirkes ist, aber von den Zulu doch als ihr angestammter Herrscher anerkannt wird, wohnt in einer modernen europäischen Villa, die mit einer Garage versehen ist, in der er modernste amerikanische Wagen stehen hat. Er soll ein begeisterter Autofahrer sein und sein schwarzer Chauffeur einer der waghalsigsten Fahrer Südafrikas.

Aber wir wollen ja nicht über den modernen Zulu sprechen, sondern ich habe versucht, Ihnen den Zulu so darzustellen, wie ich ihn noch gekannt habe und wie er früher unbeeindruckt durch europäischen Einfluß gelebt hat.

So wollen wir uns also bei unserem Besuch in dem Zulukraal ganz an die alten Sitten halten, und da jetzt der incegu zurückgekommen ist und uns die Erlaubnis des Königs gebracht hat, den Kraal zu betreten, um ihn zu besuchen, folgen wir ihm zu der Hütte des Herrschers.

Nur gebückt können wir durch die Tür ins Innere gelangen und es dauert eine Weile, bis wir uns an die Dunkelheit gewöhnt haben. Wir sehen den Zulukönig auf einer auf dem Boden ausgebreiteten Matte sitzen, während an der Wand einige seiner Unterführer, die Induna, hocken. Der Kopf des Häuptlings ist glatt rasiert. Er trägt nur den gebräuchlichen schwarzen Harzring, den die Zulu isicoco nennen. Der Ring hat etwa die Dicke des Mittelfingers eines Mannes und wird im Haar verflochten und täglich mit einem weichen Blatt blank poliert. Die Zulu schlafen, ihren Kopf unterhalb des Ohres auf ein kleines geschnitztes Holzgestell gelegt, so daß der Ring auch beim Schlafen nicht beschädigt werden kann. Die alten Zulu lieben es, ihr Kopfhaar ganz abzurasieren. Dies war früher eine langweilige und nicht ganz schmerzlose Prozedur, da sie als Rasiermesser eine Glasscherbe benutzten. Es ist nur gut, daß die Haare der Eingeborenen dicker sind als die der Europäer, sonst würden sie wohl diese Prozedur gar nicht ausgehalten haben.

Auffallend sind die schönen weißen Zähne der Zulu, auf deren Pflege sie auch viel Zeit verwenden. Sie reinigen sie nicht nur morgens und abends, wie wir es tun, sondern auch vor und nach jeder Mahlzeit. Auch einen starken Bartwuchs schätzen die Zulu ungemein, und das soll einer der Gründe gewesen sein, warum sie mehr Achtung vor den Buren hatten, deren lange Bärte sie mit der Mähne eines Löwen verglichen, als vor den glattrasierten Engländern.

Wie ich kürzlich gehört habe, ist heute dieser einst so geschätzte Bart der Königin Mode zum Opfer gefallen und heute stolziert der moderne Zulukrieger genau so glatt rasiert durchs Land wie der Engländer, dessen glattrasiertes Gesicht ihm einst im Vergleich zum bärtigen Buren so wenig Achtung abgewinnen konnte.

Der Sitte folgend setzen wir uns jetzt ganz ruhig auf der rechten Seite der Hütte auf eine Matte und die nächsten Minuten starren wir den König und er uns unverwandt an. Es würde gegen die guten Sitten verstoßen, wenn wir zuerst ein Begrüßungswort gesprochen hätten. Endlich, nach einer ewig lang erscheinenden Zeit, geruht Seine Majestät, den Mund aufzumachen, um uns mit dem üblichen: ‚Sagabona' zu begrüßen. Dies Wort ist eine Abkürzung von Ngi za ku bona und bedeutet ‚Ich sehe dich', oder richtiger gesagt: ‚Ich tue dich sehen'. An ‚Sagabona' wird dann der Name des zu Begrüßenden angehängt. Also würde der Häuptling zu mir sagen: ‚Sagabona isipaqua'. Denn meinen Namen haben ihm seine Späher schon lange gemeldet, ebenso den Zweck unseres Besuches. Dann begrüßt er unseren Zulubegleiter.

Nun muß ich Sie mal was fragen, Peter.

Was glauben Sie, würde Ihnen passieren, wenn sie alle die schönen Tiernamen, mit denen wir im Alltag so großzügig unsere Mitmenschen bedenken, dem Zuluhäuptling an den Kopf werfen würden?"

„O je, da würde ich wohl schlecht davonkommen, und der Zulu würde mir sicher seinen Assegai in den Bauch stoßen!"

„Nein," entgegnete ich lachend, „da haben Sie sich mal

wieder tüchtig geirrt. Hier in diesem Falle würde Ihnen Ihre Kenntnis der Tiernamen sehr zustatten kommen, denn unser Zulu begrüßt jetzt den König, indem er ihm sämtliche Tiernamen ins Gesicht brüllt.

‚Fetter Ochse', ‚Großer Elefant', ‚Dickes Nashorn', ‚Starker Löwe' und ähnliche aus der Zoologie entnommene Namen gelten als höchste Ehrung, die man einem Zuluherrscher darbringen kann. Dann geht es weiter in ähnlichem Tonfall. ‚Deine Stimme ist so mächtig wie der Donner, vor ihr verkriecht sich die Hyäne, zittert der Löwe und alle Tiere erkennen sie als die Stimme ihres Herrn.'

Hiermit ist nun das offizielle Zeremoniell beendet und wir können dem König den Zweck und das Ziel unserer Reise vortragen, das er allerdings natürlich schon lange kennt. Nur vor einem müssen wir uns hüten, in der Hütte des Königs aufzustehen, und stehend mit ihm zu sprechen. Dies gilt als große Verletzung der Etikette und verstößt gegen die guten Sitten. Andererseits wird aber auch der Häuptling nie vor seinem Gast stehen. Die alten Zuluherrscher, die ungemein auf Wahrung der Etikette sahen, würden einen Eingeborenen, der es gewagt hätte, hiergegen zu verstoßen, sofort dem Henker ausgeliefert haben. Und als ein Europäer, der mit den Sitten nicht so vertraut war, vor Cetewayo aufstand und stehend mit dem König sprach, brüllte ihn dieser wütend an und sagte: ‚Wärst du nicht ein Weißer, so würde ich dich sofort töten lassen, mache aber jetzt, daß du aus meiner Hütte, meinem Kraal und meinem Lande kommst!' Einige incegu bekamen den Befehl, dafür zu sorgen, daß der Mann sofort aus dem Kraal und dem Lande entfernt wurde. Cetewayo ließ auch die Entschuldigung nicht gelten, daß der Mann ein Fremder sei und die Gebräuche des Landes nicht kenne. Treffend bemerkte darauf Cetewayo: ‚Wenn ihr Weißen zu uns kommt, so müßt ihr unsere Sitten annehmen und nicht wir die euren!' —

Nachdem nun bei uns aber alles zur allgemeinen Zufriedenheit verlaufen ist, kommt eine schlanke Intombi, ein junges Zulumädchen, mit einem großen Topf Bier. Ein zweites Mädchen bringt eine Schüssel mit Wasser, in dem sich die erste vor unseren Augen die Hände wäscht, nachdem sie vorher ein kleines Gefäß sauber mit dem Wasser gereinigt hatte. Dies Gefäß taucht sie in den großen Biertopf, trinkt einige Schlucke und reicht es dann dem Häuptling, der seinerseits einen kräftigen Schluck nimmt und es dann an uns, der Reihe und dem Range nach weiter reicht. Es ist erstaunlich, wie ein Eingeborener, und ich meine hier nicht nur die Zulu, sondern überhaupt im allgemeinen die Afrikaner, es sofort erfaßt haben, wer in einer Reisegesellschaft an erster Stelle steht, ohne daß es ihm gesagt wird. Haben Sie bemerkt, wie das Zulumädchen ihr kleines Biergefäß dem Häuptling und auch uns mit beiden Händen gereicht hat?

Es gehört ebenfalls zur guten Sitte, daß man einem Gast ein Geschenk nicht mit einer Hand, sondern um ihn zu ehren mit beiden Händen hinreicht. Umgekehrt wieder nimmt der Zulu das ihm vom Gast ausgehändigte Geschenk ebenfalls, um ihn zu ehren, nicht mit einer, sondern mit beiden Händen entgegen. Würde man das Geschenk mit einer Hand annehmen, so würde das bedeuten, daß man den Geber niedriger einschätzt als sich selbst. Für den Europäer trifft diese Vorschrift dagegen nicht zu, da er in jedem Falle als der Höherstehende angesehen wird.

Die Sitte, daß erst das Mädchen von dem Bier trinkt, dann der Häuptling und dann erst der Gast, stammt auch noch aus der alten Zeit, wo Giftmorde nichts ungewöhnliches waren. Hierdurch soll bewiesen werden, daß das Bier nicht vergiftet ist.

Kommt man in anderen Teilen Afrikas in ein Dorf und besucht den Häuptling, dem man nach der Sitte des Landes Gastgeschenke mitbringt, so wird er diese erst an sich nehmen und dann beginnt eine furchtbare Bettelei, die den Fremden nicht nur beim Häuptling, sondern auch im ganzen Dorf verfolgt. Hiervon machen die Zulu eine rühmliche Ausnahme. Es ist mir nie passiert, daß ich von einem Zulu, geschweige denn von einem Induna oder höheren Häuptling angebettelt worden wäre.

Das aus Hirse gebraute Kaffernbier, das juala, ist gut, und munter kreist das Gefäß und bald fängt unser Induna an laut zu rülpsen und wohl oder übel müssen wir uns diesem Brauch anschließen, da es ein Kompliment für den Gastgeber ist, daß der Gast nach einem Trunke oder einer ihm gereichten Mahlzeit so laut wie möglich rülpst. Die Zulu verstehen es, dieser Höflichkeit in furchtbaren Tönen Ausdruck zu geben. Niesen dagegen wird als grobe Unhöflichkeit aufgefaßt. Da bei den Zulu das Bier nicht als Trunk, sondern als Essen gilt, sie sagen auch nicht Bier trinken, sondern Bier essen, so ist es nötig, daß man seinem Wohlbehagen durch diese abschreckenden Töne Ausdruck verleiht.

Inzwischen ist eine weitere Frau in die Hütte gekommen, um irgendeinen Gegenstand zu suchen. An ihr fällt uns besonders die eigenartige Haarfrisur auf, denn die jungen Mädchen trugen ihr Haar ziemlich kurz geschnitten und außer ein paar Perlen waren keine weiteren Verzierungen zu bemerken. Jetzt haben wir es mit einer jungen Frau zu tun, die einen eigenartigen Haaraufbau, denn Frisur kann man es kaum nennen, trägt. Dieser Aufbau hat die Form eines nach hinten überhängenden Zylinders. Die Herstellung erfordert Zeit und Geld, denn nur einige Meisterfriseusen verstehen es, diese Frisur sachgerecht aufzubauen. Die hohe Haartracht heißt isicolo und der Aufbau kostet eine Ziege oder deren Gegenwert. Er erfolgt kurz vor der Heirat. Schon seit langem hat die Braut ihr Haar lang wachsen lassen. Es wird dann mit Hilfe einer Schlingpflanze als Band in einem Flechtwerk in die oben erwähnte Form gebracht. Die ganze Frisur wird dann mit einer fetthaltigen roten Erde eingeschmiert. Die Frau trägt diese Frisur bis zu ihrem Tode oder bis zum Tode ihres Mannes, denn als Witwe muß die Frau die Haartracht ablegen, die Haare auflösen und die rote Erde wieder herauswaschen.

Die Bestimmungen über das Leben einer Witwe sind im Zululand sehr streng. Nach Landessitte nehmen die Brüder des Verstorbenen die von ihm hinterlassenen Witwen zur Frau, jedoch ist die Witwe nicht gezwungen, die Werbung anzunehmen. Die eigentliche Trauerzeit dauert ein Jahr. Während dieser Zeit darf die Witwe nicht mit den anderen Frauen zusammen essen oder trinken. Während sie sonst auf Körper- und Hautpflege großen Wert legen, darf sie während dieses Jahres weder sich noch ihren Schurz einsalben. In der Trauerzeit muß sie sich zurückhaltend und bescheiden verhalten. Es gibt noch eine große Anzahl weiterer Bestimmungen, auf die ich aber nicht näher eingehen kann.

Nachdem unser Umtrunk und damit die Audienz beendet ist, begeben wir uns zum Viehkraal, um pflichtgemäß das Vieh des Häuptlings zu bewundern."

5

Arbeitseinteilung zwischen Mann und Frau. Handwerker mit Doktortitel.

„Die Wartung des Viehs liegt ausschließlich in den Händen der Männer, die auch das Melken besorgen. Sonst ist die Arbeit zwischen den Geschlechtern nach strengen Vorschriften verteilt. Die Männer schnitzen, flechten, verfertigen die Kampfschilde und die Männerschurze aus Fellen oder Fellstreifen, fertigen den Kopfschmuck aus Leoparden- oder Otternfell an. Sie bauen die verschiedenen Hütten im Kraal, ebenso wie die Umzäunung, heben die Gräber aus und beerdigen die Toten. Sie bereiten auch die Gärten vor, indem sie das Land vom Buschwerk säubern. Auch Tabak dürfen nur Männer säen, pflanzen und ernten. Selbstverständlich liegt das Schmiedehandwerk, das allerdings nur wenigen bekannt ist, ausschließlich in den Händen der Männer und wurde früher als Geheimwissenschaft betrachtet. Ein Fremder, der, ohne es zu wissen, in eine Schmiede geriet, lief Gefahr, getötet zu werden. In Verbindung hiermit ist es bemerkenswert zu betonen, daß die Zulu großen Wert auf Handwerker legten und den Meistern Titel eines Inyanga oder Doktor gaben. Damit brachten sie zum Ausdruck, er ist ein Mann, der etwas von seiner Sache versteht. So hieß der Tischler Inyanga yokubaza, also ein Doktor, der Holz zu verarbeiten versteht. Der Schuhmacher ist ein Inyanga yokwaka izicatulo, ein Doktor, der es versteht, Schuhe zu bauen. So haben sie für jeden Beruf einen besonderen Titel vergeben, also für Handwerker, die wirklich etwas leisten, den Doktortitel.

Regen-Doktoren, Wahrsager, ebenso wie Doktoren der Medizin, sind Leute, die Heilkräuter kennen und geheimnisvolle Künste beherrschen.

Die Frauen verrichten in erster Linie die gesamte Hausarbeit. Sie müssen Gras schneiden, um die Hütten und Vorratshäuser zu decken. Töpferarbeiten, Flechten, die Herstellung von Schmucksachen aus Glasperlen, Brennholz sammeln, Hacken, Säen und Pflanzen gehört zu ihrer Tagesarbeit. Besondere Sorgfalt legen sie auf das Ausschmieren und Polieren der Hüttenfußböden. Die erste Arbeit an jedem Tage ist das Wasserholen.

Sie legen sich einen Graskranz auf den Kopf unter das Wassergefäß, damit der Kopf nicht gedrückt wird. Dadurch, daß die eingeborene Frau von Jugend an gewöhnt ist, Lasten auf dem Kopf zu tragen, nimmt sie eine solch aufrechte Haltung und einen so schönen Gang an. Diesen Kranz nennen die Frauen ‚izinkata'."

6

Bekleidung von Mann und Frau. Wenig Modewechsel der Frauen.

„Die Zulu, die alle schöne kräftige Gestalten waren, gingen bis auf eine Art Schürze, die sie mudscha nennen, und Büschel aus Ziegenhaaren um die Ellbogen und Kniegelenke, unbekleidet. Auf dem Kopf trugen sie den kunstvoll aufgebauten Federschmuck. Die mudscha besteht aus einem Büschel schön gedrehter Fellfransen, die meist aus dem Fell einer Zibetkatze geflochten sind. Ein etwa $^3/_4$ m langes und 1 m breites Fell. Am liebsten wird für die mudscha das Fell des Leoparden gewählt. Gern werden auch Otternfelle, Felle von Antilopen, größeren Affen und das Fell eines vollentwickelten, aber noch ungeborenen Kalbes benutzt. Dies Fell ist sehr weich und die Haare behalten einen schönen Glanz. Nie würde aber ein Zulu aus diesem Grunde eine Kuh töten, sondern er nimmt das Fell nur, wenn eine trächtige Kuh stirbt oder er aus irgendeinem anderen Grunde gezwungen ist, sie zu schlachten. Die mudscha wird so unter die Hüfte gebunden, daß das Fransenbündel vorn, das Fell hinten herum hängt. An der Seite der Hüfte hängen noch weiche bis zum Knie reichende lange Fransen, die aus schmalen Fellstreifen gedreht sind.

Ein Eliteregiment Cetewayos trug anstatt dieser Seitenbehänge Leopardenschwänze.. Dies Regiment wurde isingua (Leopard) genannt. Auch um den Kopf trugen sie einen einer Leopardenfranse ähnlichen Ring.

So gern sich der Zulu schmückt, so bequem macht er es sich in seiner Hütte. Kommt er nach Hause, dann schlug er sich in den alten Tagen eine Felldecke, später, als die Europäer ins Land gekommen waren, eine im Store (Laden) gekaufte Decke um die Schulter. Wird es ihm unter der Decke zu heiß, so wirft er sie ab und ist jetzt nur mit dem ‚amangceba' bekleidet. Der amangceba ist ein mit größter Sorgfalt aus feinstem Gras geflochtenes Körbchen, das zur Bedeckung der Eichel des männlichen Gliedes dient. Solange ein Zulu dies Körbchen trägt, gilt er als voll bekleidet.

Die Zulufrauen sind genau so eitel wie ihre europäischen Schwestern, wenn sie auch der Mode nicht so unterworfen sind, wie eingeborene Frauen in anderen Teilen Afrikas. Jedenfalls habe ich während der paar Jahre, die ich im Zululande lebte, nichts von einem Modewechsel gesehen oder gehört. Ich habe schon an anderer Stelle über afrikanische Moden ausführlich gesprochen und habe erzählt, wie man irgendwo in Afrika mit den schönsten Waren ankommen kann, und wenn die Tücher oder Perlen nicht der gerade herrschenden Mode des Landes entsprechen, auf denselben sitzen bleibt und keine Möglichkeit hat, für sich und seine Leute auch nur Verpflegung zu erwerben.

Aber, wie gesagt, im Zululand scheinen die Frauen auch in der Mode konservativ zu sein.

Kinder laufen als glückliche kleine schwarze Adam und Eva, so wie sie geschaffen sind, herum, höchstens, daß den Mädelchen von der liebenden Mutter ein kleines Perlenschnürchen um die Hüfte gebunden wird. Wachsen die Mädchen heran, so tragen sie unter der Hüfte — und das ist das seltsame, denn sonst trägt man doch Gürtel immer über der Hüfte — einen Gürtel mit kleinen farbigen Perlen bestickt, von dem zwischen den Schenkeln hindurch ein schmaler Tuchstreifen führt. Die Haarfrisur haben wir ja schon besprochen und wenn die Mädchen das Pubertätsalter erreicht haben, tragen sie die Schürze, die früher aus Fellen und jetzt meistens aus Tüchern hergestellt und schön verziert ist. Eine um die Schulter geworfene Felldecke oder jetzt auch Decken aus Stoff vervollständigen die Bekleidung.

Die Zulufrauen sind äußerst geschickt in der Herstellung der verschiedensten Schmucksachen aus Glasperlen. Um die Handgriffe von Werkzeugen und Zierstäben werden Ringe aus Perlen geflochten. Armbänder mit schönen Mustern, richtige Diademe und viele andere Perlenschmucksachen sind bei den Zulus beliebt und wirklich geschmack- und kunstvoll hergestellt."

7

Untauglichkeit der europäischen Kleidung für die Zulu. Christentum und die Lehre Mohammeds.

„Ich sagte ja schon oben, daß die Zulu sehr konservativ sind, aber wenn zwei Kulturen aufeinanderbranden, so muß diejenige nachgeben, die den wenigsten ethischen Inhalt hat. Man muß dann hoffen, daß die schwächere, ohne zu viel von ihrem Eigenen zu verlieren, in der stärkeren aufgeht. Dies Aufgehen drückt sich naturgemäß zuerst in der Kleidung aus. Denn der Volksstamm, der sich wahrscheinlich völlig unberechtigterweise als minderwertig fühlt, wird versuchen, sich dem stärkeren anzupassen. Das führt nun leider bei den eingeborenen Stämmen Afrikas dazu, daß sie, anstatt nur das geistige der europäischen Zivilisation anzunehmen, zuerst versuchen, es dem Europäer in Kleidung und äußerlichem Gebaren gleichzutun. Dies ist besonders in Afrika bedauerlich, denn für den Eingeborenen paßt in den allerwenigsten Fällen die europäische Kleidung. Man kann nicht gegen sein eigenes Land ankämpfen. Afrika ist nun mal Afrika, und für Afrika taugen die europäischen Kleider nicht. Das können wir, die wir im Innern reisen, am besten beurteilen, denn auch wir versuchen ja, nach Möglichkeit unsere Kleidung dem Lande und dem Klima anzupassen. Wenn nun der Eingeborene europäische Kleidung erwirbt, die in 99 von 100 Fällen aus einem alten Trödlerladen stammt und die die unmöglichste Zusammensetzung aufweist, so wird der schönste und prächtigste Zulu, wenn er sie anlegt, zu einer albernen Karikatur. Er selbst merkt es gar nicht, denn in seinem Dorf, wo europäische Kleidung unbekannt ist, wird er als Träger einer ‚höheren' Kultur bewundert. Der Europäer, den er trifft, guckt ihn verächtlich an, aber da viele Europäer es für nötig halten, den Eingeborenen gegenüber eine hoheitsvolle Miene aufzusetzen, so wundert ihn das nicht. Und wenn gute Freunde, zu denen ich mich zähle, ihnen klar zu machen versuchen, daß sie doch ihre eigene Kultur besessen haben und, falls die ihnen heute nicht mehr genügt, doch den Versuch machen müßten, sich wieder eine neue, aber absolut eigene Kultur zu erwerben und auch dies in ihrer Kleidung zum Ausdruck bringen, die dem Lande und ihnen angepaßt ist, so sind sie diesem guten Rat gegenüber mißtrauisch und als Freund wird man entmutigt, viel darüber zu sagen.

Aus diesem Grunde muß man es wahrlich begrüßen, daß der Moslem von Nordafrika ausgehend solche Fortschritte gemacht hat. Denn er bringt den Eingeborenen zwei

Sachen, die für ihn passen: Kleidung und eine Religion, die einfach und verständlich ist. Es ist vielleicht nicht richtig, wenn man als Christ so etwas sagt und ich will auch damit keineswegs den christlichen Missionaren Vorwürfe machen, aber es läßt sich doch nicht leugnen, daß der einfache Naturmensch die Lehre Mohammeds, die sich in so wenigen Worten ausdrücken läßt, eher versteht als die christliche Lehre, die besonders noch dadurch unverständlich wird, daß sich zwei christliche Religionen, die nach Ansicht des Eingeborenen, doch beide von derselben Quelle kommen, befehden oder zumindest nicht verschmelzen. Unzweifelhaft ist aber, daß die arabische Kleidung diejenige ist, die jeder freidenkende Eingeborene Afrikas tragen müßte.

Nun habe ich aber wirklich über Kleidung genug gesagt und es wird Zeit, daß wir uns einigen anderen Sitten und Gebräuchen zuwenden."

8

Nicht essen in Gegenwart von jungen Mädchen. Die Rolle der Frau. Heiratsgut. Heiratszeremonien. Brautwerbung. Geschlechtssitten.

„Hört man die Unterhaltung einiger Zulu oder auch anderer afrikanischer Stämme, so taucht immer wieder ein tiefer Laut auf, welcher durch Schrift nur schwer wiederzugeben ist, ein tiefes ‚eh-eh'. Es ist ein langgezogener tiefer, singender Ton, den sie durch langsames Ausströmenlassen des Atems hervorbringen. Die Eingeborenen benutzen diesen Ton immer, um Zustimmung oder Beifall auszudrücken und sie sind wahre Meister in der Kunst, in diesen Laut ein tiefes Gefühl hineinzulegen.

Auf meinen Patrouillenritten in Zululand war ich manchmal genötigt, wenn ich vom Regen überrascht wurde, meine primitive Mahlzeit in einer Zuluhütte einzunehmen und da außer mir dann meist noch eine Reihe junger Leute, hauptsächlich junge Mädels, vor dem Regen in die Hütte geflüchtet waren, so saßen wir in munterem Kreise und alle Augen waren auf mich gerichtet, während ich aß. Ich wunderte mich seinerzeit immer, daß die Mädchen kicherten und sich gegenseitig anstießen und die jungen Leute einer nach dem anderen die Hütte verließen. Erst viel später habe ich gemerkt, daß ich hier gegen eine Zulusitte verstoßen hatte. Denn nie würde ein Zulu in einer Hütte essen, in der Mädchen sitzen. Daher kam es auch, daß mein eingeborener Polizist, der mich begleitete, zu meinem großen Erstaunen, immer das Essen ausschlug, das ich ihm anbot. Damals in meiner Unerfahrenheit dachte ich, es sei Bescheidenheit, heute weiß ich, daß er in der Hütte nicht zu essen gewagt hätte, weil er dadurch zum Spott der Mädchen geworden wäre.

Die Zulufrauen spielen im Lande und in der Zulufamilie des Dorfes eine große Rolle. Sie müssen gar nicht glauben, daß sie, weil sie, wie man vielleicht denkt, gekauft sind, nun untergeordnete Wesen sind; im Gegenteil, je höher der Bräutigam die Braut einschätzt, desto größer wird die ‚lobola' sein, die er für sie bezahlt. Unter lobola versteht man das Heiratsgut, welches in diesem Falle der Bräutigam zahlen muß, nicht wie bei uns, wo man von einem Mädchen erwartet, daß es Heiratsgut mitbringt. Das sind eben andere Sitten dort drüben in Afrika, die aber darum keineswegs schlechter sind als unsere, sondern ich möchte sogar sagen, in vielem besser. Denn je höher die Braut eingeschätzt wird, desto höher die lobola. Mitgiftjäger gibt es also nicht in Zululand oder in irgendeinem Teil Afrikas.

Eine Zuluheirat ist mit soviel Zeremonien verbunden, daß man darüber allein ein halbes Buch schreiben könnte. Aber ich will hierüber nur noch sagen, daß eine der wichtigsten Zeremonien die Brautwerbung ist. Zuerst muß sich der junge Mann, der seine Liebste gefunden hat, an seinen eigenen Vater wenden und das Mädchen nennen, auf das seine Wahl gefallen ist. Ist der Vater mit der Wahl seines Sohnes einverstanden, so schickt er einen seiner besten Freunde zu dem Vater des Mädchens und läßt ihn um etwas Schnupftabak bitten. Dieser Freund geht zu dem Kraal und der Hütte des in Aussicht genommenen Schwiegervaters, setzt sich dort hin, wie wir schon kennen gelernt haben und, nachdem man sich begrüßt hat, wird über alles mögliche gesprochen. Es wird Bier getrunken und vielleicht auch gegessen, und dann sagt der Brautwerber:

‚Mich hat der Vater meines jungen Freundes X. geschickt, der dir sagen läßt, du möchtest mir ein wenig Tabak überlassen.'

Natürlich weiß der Gebetene schon lange, um was es sich handelt. Alle diese Zeremonien entsprechen nur der alten Sitte. Er ruft seine Tochter und sagt:

‚Hier ist der Freund X. aus dem Dorf Y., der mich gebeten hat, ich möchte ihm etwas Tabak geben. Ist eine unter Euch, die ihm selbst diesen Tabak geben will?'

Auch die Mädchen sind informiert, um was es sich handelt und dann sagen die Schwestern der Braut:

‚Nein, wir nicht, aber hier unsere Schwester, die möchte den Tabak geben'.

Dann ist der erste Schritt zur Brautwerbung beschritten, und der Vater des Mädchens nimmt seine Tabaksdose und gibt dem Boten Tabak, den dieser schnupft, aber etwas nimmt er auch für seinen Auftraggeber mit.

Kommt er nun zu seinem eigenen Kraal zurück und übergibt den Tabak, dann weiß der Vater und der junge Mann, daß seiner Brautwerbung nichts im Wege steht. Es folgen eine Reihe von verschiedenen Zeremonien, Besuche, Gegenbesuche, Verhandlungen über die Höhe der lobola und hat man sich schließlich geeinigt und das Vieh ausgesucht, so wird der Tag der Hochzeit festgesetzt. Die Menge des Viehs, die als lobola gegeben wird, entspricht natürlich den Vermögensverhältnissen. Bei armen Leuten können es zwei oder drei Rinder sein, bei reichen oder gar königlichen Familien gibt es wohl keine Abgrenzung, aber fünfzig bis sechzig Stück Vieh sind nichts ungewöhnliches.

Unter den alten Zulukönigen war es Gesetz, daß ein Mädchen unberührt in die Ehe gehen mußte. Wenn sie gegen diese Vorschrift verstieß, wurde sie schwer, unter Umständen mit dem Tode bestraft. In jedem Dorfe gab es einige alte Frauen, die auch gleichzeitig Hebammen waren, die die Mädchen zu bestimmten Zeiten untersuchen mußten oder auch bei einzelnen außer der Reihe eine Untersuchung vornahmen, wenn ihnen die Möglichkeit eines Vergehens gegen diese Sittenbestimmung gemeldet wurde. Da aber die Zulukönige wußten, daß es kein Gesetz der Welt gibt, das Liebe verbieten kann, so hatten sie einen Ausweg gefunden, indem sie dem Liebhaber gestatteten, mit dem Mädchen einen äußerlichen Verkehr (shlabonga) zu haben, bei dem sie aber strengstens darauf achten mußten, daß die Liebesbezeugungen nicht über einen gewissen Punkt hinausgingen (Hymen imperforatus). So war es bei den Zulu.

Die Matabili, die ja auch zum Zulustamm gehören, hatten wieder andere Gesetze. Der alte kluge Lobengula, der König der Matabili, sagte: ‚Solange ein Mädchen nicht verheiratet ist, gehört ihr Körper ihr und sie kann machen, was sie will, einmal verheiratet, gehört sie dem Mann und Ehebruch wird mit dem Tode bestraft!'. Dafür galt allerdings auch dasselbe Gesetz in Zululand, auf Ehebruch stand unweigerlich die Todesstrafe.

Als die Zulu noch ein kleiner friedlicher Händlerstamm waren, übten sie wie fast alle Stämme Afrikas die Beschneidung der Knaben aus. Es war Tschaka, der, wie ich oben erwähnte, ein Verbot hiergegen erließ. Es ist eigentümlich und zeigt, wie sich doch die alten Sitten, selbst diejenigen, die lange außer Kraft gesetzt sind, im Volke erhalten haben, daß heute noch die Zulujungens im Alter zwischen 9 bis 10 Jahren eine Art Ersatzoperation an sich vornehmen.

Auch beim Eintritt der Mannbarkeit sind für den Zuluknaben verschiedene Zeremonien vorgeschrieben, denen er sich unterwerfen muß. So muß er u. a. einen Erdklumpen essen, den ein Junge geholt hat und zwar von einem öffentlichen Weg, der von vielen und den verschiedensten Leuten täglich begangen wird. Hierdurch soll zum Ausdruck kommen, daß jetzt, da er Mann geworden ist, er mit vielerlei Leuten in Berührung kommt und dadurch, daß er diesen Erdklumpen vom öffentlichen Weg verzehrt, bereitet er sich darauf vor und soll die Kraft gewinnen, wie ein richtiger Mann zu handeln.

Eine eigentümliche Sitte, die heute noch in Zululand von den Frauen ausgeübt wird, ist die des Eingrabens von Kindern. Diese Sitte läßt darauf schließen, daß in früheren Jahren Kinder in den Gärten lebend begraben wurden, um dadurch die Fruchtbarkeit von der Himmelsprinzessin zu erbitten. Die Verkörperung des vorhandenen Weiblichen im Stamm der Zulu wird unter dem Namen der ‚unomkubulwana', der Himmelsprinzessin, zusammengefaßt. Für sie werden draußen auf dem freien Felde kleine Gärten angelegt, die nach Befruchtung und Regen rufen sollen. In diesen Gärten werden kleine Opfer gebracht, Gefäße mit Bier werden hingestellt und hier findet auch der Ritus des Eingrabens und des Beklagens und nachher der Wiederausgrabung von Kindern statt. Heute wird diese Zeremonie nur bildlich durchgeführt, indem die Frauen ein kleines Loch graben, ein Kindchen hineinsetzen, dann so tun, als wenn es begraben würde, richtige Totenklagen anstimmen, um es dann wieder herauszuholen und im Flusse oder Bach zu waschen und zu reinigen. Aber unzweifelhaft ist es doch, daß in alten Tagen diese Opfer tatsächlich vollzogen wurden."

9

Götterglauben. Nichtanerkennung des Todes. Begräbnis. Die Gräber. Wiederkehr der Toten.

„Der Glaube der Zulu ist eine eigentümliche Verehrung eines höheren Wesens, des schon genannten Unkulunkulu, den man aber eigentlich doch nicht ganz als Gott bezeichnen kann, sondern er ist eben der erste, der gezeugt war, derjenige, aus dem alles andere hervorgegangen ist, der die Menschen aus dem Nichts entstehen ließ, nachdem er selbst vorher aus dem Nichts hervorgetreten war. Zu ihm kann der Zulu auch nicht direkt beten, sondern er muß sich über gewisse Zwischenglieder ihm nähern, und diese Zwischenglieder sind im Grunde genommen nichts weiter als seine Ahnen. Und diese Ahnen sind nach seiner Auffassung nicht tot, im Gegenteil sie leben, sie sind nur unsichtbar.

Die Nichtanerkennung des Todes geht auch aus der Art der Beerdigung hervor. Ist ein Mensch erkrankt, und man merkt, daß er sterben muß, so fangen die Frauen in seiner Gegenwart an, Taue aus Gras zu flechten, und der Sterbende weiß genau, daß diese Stricke für ihn bestimmt sind, denn er muß im Grabe die Stellung eines ungeborenen Kindes annehmen. Hierdurch kommt zum Ausdruck, daß er aus dieser Stellung, in der er ja aus dem Mutterleibe geboren wurde, aus dem Leib der Erde wieder hervortreten wird. Sobald der Mensch gestorben ist, wird er in seiner Hütte an den Mittelpfeiler angelehnt und so in eine sitzende Stellung gebracht, die der Stellung eines Embryos im Mutterleib gleicht. Hierzu werden die Kniee hochgezogen, die Arme werden gebogen und die Leiche wird mit den Stricken umwickelt, die von den Frauen ganz ohne Scheu vor den Augen des Sterbenden geflochten worden sind.

Nachdem der Tote in die richtige Stellung gebracht ist, wird er in eine Decke oder ein Rinderfell eingehüllt. Erst nachdem dies geschehen ist, beginnen die Totenklagen und das Klagegeschrei der Weiber. Der Tote muß so schnell wie möglich noch vor Anbruch des Tages der Erde übergeben werden, denn dadurch will man vermeiden, daß sich die Zauberer in den Besitz von Teilen des Verstorbenen oder irgendwelcher Sachen von ihm setzen, die sie für schlechte Zwecke gebrauchen könnten.

Die Beerdigungen finden, falls der Verstorbene ein Kraalherr ist, in seinem Viehkraal statt. Andere Mitglieder der Familie werden an dem Außenrand des Kraals beerdigt. Mit den Beerdigungen sind wieder Zeremonien verknüpft und besonders bei Zwillingen ist der Aberglaube sehr stark. Sie dürfen nicht im Dorf oder auf trockenem Boden begraben werden, sondern möglichst in einer feuchten Niederung, damit die Verwesung schneller vor sich geht. Denn würde man sie im Trocknen begraben, so soll nach dem Zuluglauben während der ganzen Zeit, bis sie sich aufgelöst haben, kein Regen fallen.

Die Gräber werden sehr sorgfältig angelegt, von genügender Tiefe und so weit, daß sich einige Männer bequem darin bewegen können. An der unteren Seite des Grabes wird in eine Wand eine Kammer ausgehoben, in der der Tote in der oben beschriebenen Stellung auf einen Stein gesetzt wird, so daß das Gesicht seiner Hütte zugekehrt ist. Dadurch soll wieder zum Ausdruck gebracht werden, daß er bestimmt in seine Hütte zurückkehren wird. Auch das Grab wird als eine provisorische Hütte hergerichtet. Den Toten wird ein Stein auf die Kniee gelegt und ein möglichst flacher Stein auf den Kopf. Dieser soll als Dach seiner temporären Wohnung gelten. Selbstverständlich werden, wie es bei allen Urvölkern üblich ist, Totengaben mit in das Grab gegeben, seine Waffen, Tabakdosen, aber auch Samen von allen Früchten, die in den Zulugärten und Feldern wachsen.

Spricht man mit einem Zulu über einen Toten und sagt: ‚Jetzt liegt er in der Erde, er verwest', so wird er darauf entgegnen, daß gerade durch die Verwesung am deutlichsten gezeigt wird, daß er in der Erde aufgeht, der Körper verschwindet, er selbst aber wird als Idhloz, als Geist, wiederkehren. Das Wort ‚Geist‘ ist hier aber nicht ganz richtig angewandt. Ich weiß jedoch nicht, wie ich es anders ausdrücken soll. Denn der Tote ist zurückgekehrt, lebt mit den Familienmitgliedern, ist jetzt einer der Ahnen, durch den man zum großen Gott betet, ist unsichtbar, aber im Glauben der Zulu doch sogar körperlich vorhanden.

Sie sehen also, daß die Zulu einen Glauben haben, der vielleicht für uns vieles Unverständliche enthält, aber auch diese kurze Beschreibung, die ich gab, muß Sie überzeugen, daß er in Heiligkeit und Ehrlichkeit hinter keinem anderen Gottes- oder Götterglauben zurückzustehen braucht.

Die alten Zuludespoten haben es verstanden, den Glauben und den Aberglauben, die Geisterfurcht und die alten Sitten für ihre Zwecke auszunutzen und alles, was jetzt allmählich durch Erziehung und Einsicht zu guten Zwecken geführt wird, in den Dienst ihrer nur auf Krieg und Vernichtung gerichteten Unternehmen zu stellen.“

10

Fest des großen Königs. Opfer der schwarzen Stiere.

„Alljährlich, wenn ich nicht irre, im Dezember, fand ein großes Fest statt, das die Zulu umkosi mkulo nennen, umkosi bedeutet König, mkulo heißt groß, also Fest des großen Königs. Bei diesem Fest wurde nach vielen Zeremonien ein schwarzer Stier geschlachtet.

Alle Männer des Landes mußten an diesem Fest teilnehmen. Waren alle versammelt, so wurde der Stier, der besonders kräftig sein mußte, in einem Kraal losgelassen und von dem Zauberer, der ihn mit einer gekochten und noch heißen Medizin bewarf, in Wut versetzt. Dann gab der Priester ein Zeichen, worauf sich eine ausgewählte Schar junger Krieger, völlig unbewaffnet, auf den wütenden

Stier stürzte und ihn zu Bodenwarf, gleichgültig, wie viele von ihnen verletzt oder getötet wurden. Während die

einen sagen, daß der Priester den von den jungen Leuten am Boden festgehaltenen Stier mit einem scharfen Messer tötete, sollen nach anderen Erzählungen die Krieger den Stier mit den bloßen Händen in Stücke gerissen haben.

Aus den hiermit verbundenen Zeremonien muß man schließen, daß der große schwarze Stier anstelle des Königs geopfert wurde. Es mag möglich sein, daß in früheren Zeiten, aber jedenfalls bevor die Zulu ein mächtiges Volk waren, der König geopfert wurde, wenn er anfing zu altern und nicht mehr zeugungsfähig war. Solche Königsopfer sind auch aus anderen Teilen Afrikas bekannt. Nur der kräftige König gilt etwas beim Volke. Wurde er krank und schwach, verlor er sein Ansehen, und wenn er nicht vorher durch einen seiner Nachkommen oder einen seiner Ratgeber und Häuptlinge durch Mord, in den meisten Fällen durch Gift, beseitigt wurde, dann schritt man zu der Zeremonie des großen Königsopfers.

In Zululand hat aber bestimmt seit Dingiswayos Zeiten kein Königsopfer mehr stattgefunden, denn es ist, wie wir gesehen haben, geschichtlich überliefert, auf welche Weise Dingiswayo und seine Nachfolger ums Leben kamen.

Bei der oben beschriebenen Zeremonie muß es sich also um eine uralte Sitte handeln, die aus vorgeschichtlicher Zeit überliefert worden ist."

11

Kriegerische Erfolge der Zulu. Stoß-Assegai gegen Wurfspeer. Mut oder Kadavergehorsam. Krieg ohne Gnade. Zauberer. Art der Kriegführung.

„So, nun habe ich Ihnen aber genug von den Zulus erzählt."

„Aber nein", kam es wie aus einem Munde, „wir möchten doch noch wissen, warum die Zulu den anderen Völkerschaften im Kriege so überlegen waren; auch über die Art ihrer Kriegführung haben Sie uns noch nichts erzählt. Waren sie wirklich so viel tapferer als andere Völker oder war es die Furcht vor ihrer Grausamkeit, die ihnen zu ihren Siegen verhalf?

Etwas müssen Sie uns auch noch über Ihre eigenen Erlebnisse und von Ihrer Jagd in Zululand und Ihren Begegnungen mit den Zulus erzählen."

„Gut", sagte ich, „von Krieg und Jagd will ich Ihnen noch erzählen, aber persönliche Erlebnisse muß ich fortlassen, davon habe ich schon viel gesprochen und die gehören auch nicht zum heutigen Thema.

Die kriegerischen Erfolge verdanken die Zulu hauptsächlich, man könnte beinahe sagen ausschließlich, der Erfindung des kurzen Stoß-Assegai. Diese Erfindung hatte auf die Kriegsführung in Südafrika dieselbe Wirkung wie die Erfindung des Pulvers auf die europäischen Kriege.

Bevor Tschaka den Stoß-Assegai endgültig einführte, machte er einen Probeversuch mit seinen eigenen Regimentern.

Die Schilderungen über diese groß angelegten Manöver weichen stark voneinander ab. Während an einer Stelle gesagt wird, daß Tschaka ein Regiment mit Wurfspeeren, das andere mit Stoß-Assegais ausrüstete, die aber beide nur Scheinwaffen ohne Spitze waren, und einen Kampf veranstalteten, in dem derjenige, der getroffen war, sich totstellen mußte, wird an anderer Stelle behauptet, daß Tschaka einen richtigen Kampf mit scharfen Waffen zwischen zwei Regimentern befohlen habe. Bei diesem Kampf ergab sich einwandfrei der Vorteil des Stoß-Assegai. Das mit der neuen Waffe ausgerüstete Regiment trug einen vollkommenen Sieg davon, denn von der gegnerischen Truppe war kaum ein Mann übriggeblieben.

Welche dieser beiden Geschichten auch wahr sein mag, unzweifelhaft ist, daß das kurze Assegai eingeführt wurde und den Zulu zu ihren Siegen verhalf.

Nach allem, was wir von Tschaka und seiner rücksichtslosen Grausamkeit wissen, darf man wohl annehmen, daß die letzte Schilderung die zutreffende ist.

Wenn ihr mich fragt, ob die Zulu so viel mutiger gewesen sind als die anderen Volksstämme, so muß ich darauf entgegnen, daß ihr Mut mit dem der Krieger des Mahdi und dem der Japaner zu vergleichen ist. Es war der Mut des absoluten Kadavergehorsams, ein durch alle möglichen Künste, Beschwörungen und sogar durch berauschende Medizin angefachter Mut, der mehr dem Wahnsinn als persönlicher Tapferkeit glich.

An sich ist der Zulu gutmütig. Als Soldat in europäischen Diensten hat er sich lange nicht so bewährt wie Eingeborene, die aus anderen Stämmen rekrutiert wurden.

Ich habe jetzt gerade eine Geschichte aus Japan gelesen, die mich ungemein an meine Zulufreunde erinnert hat.

Ein englischer Motorradfahrer fuhr eine geraume Zeit nach der Kapitulation Japans durch das Land und hatte unterwegs eine Panne. Er bemühte sich vergeblich, die Panne zu beheben. Ein Japaner, der des Weges kam, erbot sich, ihm zu helfen. Aber auch ihm gelang es nicht, den Schaden zu beseitigen. Daraufhin bot er dem Engländer an, in seinem Hause zu rasten. Hier wurde er mit allen Ehren empfangen, Essen und Trinken wurde gebracht, das, wie der englische Gewährsmann angibt, zumindest ein Viertel der ganzen Monatsration der Familie ausmachte. Abschlagen konnte er die Erfrischungen nicht, das wäre eine Beleidigung gewesen. Er kam mit seinem Gastgeber ins Gespräch und da stellte sich heraus, daß dieser ein entlassener Soldat war, der zu einer Truppe gehörte, die während des Krieges durch ihre Grausamkeit berüchtigt war. Als er dem Japaner zum Schluß Zigaretten und Geld anbot, lehnte dieser dankend ab und war plötzlich verschwunden. Später sagte der Engländer: ‚Zwei Seelen ruhen in des Menschen Brust!' — Und dasselbe möchte ich von meinen Zulufreunden sagen, die gutmütig, gastfreundlich und zuvorkommend sind und nach allem, was ich in Erfahrung bringen konnte, immer waren. Wenn sie aber einmal durch ihre Häuptlinge zum Kriege aufgestachelt wurden, waren sie blutgierige Bestien, die in einem Sinnenrausch handelten.

Schon die Vorbereitungen zum Kriegszug waren mit so viel Zauberei verbunden, daß die jungen Krieger, wenn sie auszogen, kaum noch ihrer Sinne mächtig waren und jeden Befehl rücksichtslos ausführten.

Ein Zulukrieger kennt und erwartet keine Gnade. Er ist nicht eher zufrieden, bis er dem am Boden liegenden Feind den Bauch aufgeschnitten hat, damit, wie er sagt, die Seele entweichen kann. Es ist vorgekommen, daß die Krieger den Leib eines erschlagenen Feindes geöffnet haben, um Teile der Magennetzhaut zu entnehmen, die sie sofort an einem Feuer rösteten und verzehrten, um sich so die Kräfte des Gegners anzueignen. Einige Häuptlinge sollen auch die Galle von Häuptlingen getrunken haben, die sie ihrerseits erschlagen hatten.

Die Vorbereitungen zum Kriege nahmen viele Tage in Anspruch, so daß es den Zulu eigentlich nie möglich war, ihre Feinde zu überraschen, da ja in den meisten Fällen unzweifelhaft Nachrichten von den Vorbereitungen das Land durcheilten.

Die Regimenter wurden zusammengerufen und der König hielt eine Ansprache, bei der nicht nur er, sondern auch seine Krieger in eine derartige Ekstase gerieten, daß sie kaum noch zu halten waren. Sie prahlten gegenseitig mit den Heldentaten, die sie verrichten wollten und konnten es nicht erwarten, daß der Kriegszug begann. Aber so schnell ging es nicht. Jetzt wurden erst die Zauberer gerufen, um unter allen möglichen Opfern und Beschwörungen die Krieger weiter anzustacheln. Auch hier tritt wieder ein schwarzer Stier in Erscheinung, der in den Viehkraal getrieben wird und den die Krieger mit ihren Speeren töten mußten. Das Fleisch dieses Stieres wird mit Medizin beschmiert, auf großen Feuern im Viehkraal geröstet und von den Kriegern verzehrt. Durch dieses Fleisch, das sie zerreißen und von dem sie sich Stücke gegenseitig zuwerfen, werden sie in eine derartige Wut versetzt, daß sie zu jeder Grausamkeit bereit sind.

Eine Sage berichtet, daß bei den Kriegsvorbereitungen von Tschaka, bei denen die Zauberer eine bestimmte Medizin brühten, ein Adler herabgekommen sei, um sich auf das Gefäß, in dem die Medizin enthalten war, zu setzen. Der Zauberer ergriff den Adler und das Gefäß, in dem die Medizin enthalten war, bereitete aus ihm wiederum eine Medizin. Dann kam ein zweiter Adler, der sich Tschaka auf die

Schulter setzte. Viele solcher Sagen um Tschaka und andere Zuluheerführer gehen heute noch in den Zulukraals von Mund zu Mund.

Nun genügt es aber den Zulu keineswegs, nur vor Beginn des Krieges einen Kriegszauber zu machen, sondern sie müssen vor jeder Schlacht oder vor jedem Gefecht wieder von neuem einen Zauber veranstalten, denn, wie ein alter Zulu-Induna sagte, ‚wenn die Zulu nicht bezaubert werden, werden sie hernach schwach und ihre Arme und Kniee werden schlapp'. Diese kleineren Zauberfeste sind allerdings nicht mit solch großem Pomp begleitet wie die Zaubereien zu Beginn des Krieges.

Aber eins muß man von den Zulu sagen, wenn sie im Gefecht von wilder Wut sind und keine Gnade kennen, so haben sie doch nie Gefangene gemartert. Und wenn sie auch, wie oben gesagt, Fleischstücke ihrer Feinde verzehrten, so hat das eigentlich nichts mit Kannibalismus zu tun, da sie ihnen ja nicht als Nahrung dienen sollten, sondern es war auch wieder eine Zaubermedizin, die sie benutzten, um sich Mut zu machen.

In der Schlacht griffen die Zulu stets in einer langen geschlossenen Linie, die aus etwa fünf bis zehn Gliedern bestand, an und versuchten, den Feind durch Ausdehnung der Flügel zu umfassen. Die Schnelligkeit, mit der sie den

Angriff vortrugen, sollte dazu dienen, den Gegner zu erdrücken, bevor er vollständig zur Besinnung gekommen war. Gelang ihnen der Angriff das erste Mal nicht, so hatten sie stets eine starke Reserve, die den Angriff der ersten Kolonne sofort zu unterstützen hatte und ihr auch Zeit gab, sich wieder zu sammeln. Es muß ein schöner, aber furchtbarer Anblick gewesen sein, eine solche Menge Zulukrieger im Sturme zu sehen. Es sind alles schlanke, kraftvolle, prächtig gebaute Gestalten, nackt bis auf die mudscha und die Büschel aus Ziegen- oder anderen Tierhaaren um die Ellbogen und Kniegelenke, dazu den wallenden Federschmuck auf dem Kopf. Jedes Regiment unterscheidet sich durch die Farbe der Schilde, die ich schon beschrieben habe, und ihr Angriff ist schneller als bei einem Kavallerie-Regiment. Der kurze Assegai ist die Hauptwaffe. Aber bevor sie mit dem Feind ins Handgemenge kommen, werfen sie noch zwei bis drei leichte Assegai, die sie bei der Attacke mit dem Stoß-Assegai und dem Schild zusammen in der linken Hand tragen, um sie dann mit der rechten Hand zu werfen. Der aus Ochsenhaut verfertigte ovale, etwa 1½ m hohe Schild hat durch die Rückseite einen starken Stock von oben nach unten, in dessen Mitte sich eine kleine Lederschleife befindet, durch die Mittel- und Zeigefinger der linken Hand gesteckt werden. Mit dem Daumen, der fest an der Stange liegt, wird der Schild dirigiert.

Die Zulu verstehen es äußerst geschickt, durch Schräghalten des Schildes Speerwürfe aufzufangen. Die Zulu-Impis stürmen nun mit großen Sprüngen unter furchtbarem Gebrüll gegen den Feind. Sie verdrehen die Augen und schlagen gegen ihre Schilde, klappern mit dem Assegai, so daß ein ungeheurer Lärm entsteht, der in den meisten Fällen schon genügte, die Feinde in die Flucht zu jagen.

Es erübrigt sich zu sagen, daß sie bei ihrer Art der Kriegsführung gegen moderne Waffen völlig machtlos sind. Gewiß könnte es ihnen auch heute noch gelingen, einzelne Abteilungen zu überfallen und aufzureiben, aber das wären Ausnahmen, die auf die Führung des Krieges kaum einen Einfluß haben dürften. Wir wollen aber hoffen, daß es hierzu nie wieder kommen möge, und daß die Zulu in Frieden und Freiheit ihr eigenes Leben führen können, ohne wieder zu den Waffen greifen zu müssen."

12

Jagderlebnisse. Pirschen. Treibjagden. Jagdzauber. Jagdsitten.

„Während der kurzen Jahre, die ich in Zululand lebte, herrschte dort, Gott sei Dank, Friede. Ich habe keinen Zulukrieg oder Aufstand erlebt. Trotzdem konnte ich mir ein gutes Bild davon machen, wie es in einem solchen Kriege zugegangen sein muß, denn die großen Treibjagden, die von den Häuptlingen oder auch von den hohen europäischen Beamten in Zululand veranstaltet wurden, glichen ebenso einem Kriege wie früher ein Manöver europäischer Truppen.

Um die Jahrhundertwende war Zululand noch sehr wildreich. Wenn ich am Nachmittag von meiner Station ausritt, so kam ich selten am Abend zurück, ohne eine Antilope oder verschiedene Arten Flugwild am Sattel hängen zu haben. Besonders häufig waren die kleinen Duiker, die Steinböckchen und das Oribi, dessen Name aus der Hottentottensprache stammt, wo es aber Orabie geschrieben wird.

Ich habe mich oft gewundert, wie dieser Name von der Kap-Kolonie bis nach Natal gewandert ist. Weniger häufig waren schon Rietböcke und der Buschbock, der sich in den Schluchten aufhält, fiel uns auf der Pürsch selten zum Opfer.

Da ich nun eben sagte, Jagdbeute am Sattel hängend, will ich Ihnen doch schnell noch erklären, wie wir unsere Beute transportierten. An den afrikanischen Sätteln, wie auch an europäischen Militärsätteln, sind an der Seite Ringe, daran Feldflaschen und andere Sachen angehängt werden können. Wurde nun eine Trappe geschossen, so wurde einfach das Bein gebrochen, die Sehne herausgezogen und der gebrochene Teil so durch den Ring gesteckt, daß er als Querholz diente. Hatte ich eine Antilope erlegt, so machte ich zwischen Sehne und Knochen des Vorderlaufs und Hinterlaufs einen Einschnitt, legte die Antilope hinter den Sattel und zog den Sattelgurt durch die Öffnungen durch, so daß die Vorderläufe an der einen und die Hinterläufe an der anderen Seite fest mit dem Gurt verbunden, den Körper der Antilope im Gleichgewicht hielten.

So schön diese Jagdausflüge auch waren, das schönste und aufregendste waren die großen Treibjagden, die aber nur selten stattfanden. Auf der größten Treibjagd, an der ich teilgenommen habe, sah ich nun einmal wirklich die Zulu-Impis aufmarschieren, so wie sie es sicher in den Tagen der alten Zulukönige getan hatten. Diese große Treibjagd war vom Gouverneur von Zululand veranstaltet und umfaßte ein riesengroßes Gebiet. Es dauerte zwei Tage, bis die Treiber das Gebiet umschlossen hatten. Als der Gouverneur auf dem Sammelpunkt angekommen war, waren die Regimenter aufmarschiert und boten ihm den Königsgruß ‚Bayete!' Es klang prachtvoll und nie werde ich vergessen, wie diese Zulukrieger ihre Speere in die Luft hoben und in den frischen sonnigen Morgen ihr ‚Bayete' hinausriefen und mit den Speeren auf die Schilde schlugen. ‚Bayete', der Königsgruß, der nur ihren Königen galt und den wohl wenige Europäer je gehört haben. Denn nur in den seltensten Fällen, und dann immer nur einem hohen Beamten oder Mitglied eines königlichen Hauses wurde er dargebracht.

Auch die Vorbereitungen zu Jagdzügen waren bei den Zulu mit großen und vielen Zeremonien verknüpft.

Sobald es beschlossen war, daß an einem bestimmten Tag eine Jagd veranstaltet werden sollte, wurde von dem Häuptling, in dessen Bezirk die Jagd stattfinden sollte, Boten ausgeschickt, um den Leuten in den Kraals Nachricht zu geben. Wie die meisten Handlungen der Zulu bestimmten Zeremonien unterworfen sind, so gingen die Boten nicht einfach in den Kraal und verkündeten, daß dann und dann eine Jagd stattfindet, sondern sie setzten sich in den Viehkraal und stießen den Ruf eines impunzi, eines Duiker, aus. Jetzt wußten alle Männer, die den Ton hörten, Bescheid. Sie kamen im Viehkraal zusammen und dann verkündete der Bote, wann und wo die Jagd stattfinden sollte. Von diesem Kraal ging wieder ein anderer Bote ab und so ging es weiter von Kraal zu Kraal, bis alle eingeladen waren.

Am Morgen des Jagdtages ritten wir von unserer Station ab und sahen von allen Seiten Scharen von Jägern zum Treffpunkt eilen. Die Jäger sind mit Assegaien, Stöcken und Keulen bewaffnet, und auf dem Versammlungsplatz angekommen, sitzen dieverschiedenen Kraalbewohner in Gruppen zusammen und warten auf das Erscheinen des Häuptlings oder in den Fällen, wo die Jagd von unserem Bezirksamtmann einberufen wurde, auf ihn.

Der Bezirksamtmann übergab dann dem Häuptling des Bezirks die Leitung der Jagd. Er gibt an, welcher Jagdgrund umstellt werden soll, dann laufen nach allen Seiten die jungen Krieger fort, um sich auf der anderen Seite des zu umstellenden Gebietes wieder zusammenzufinden. Ist der Kreis geschlossen, so wenden sich die Jäger dem Mittelpunkte des Kreises zu und gehen laut singend und treibend vor.

Unter fortgesetzten Rufen ‚eya he' verengt sich der Kreis und das Wild wird zum Mittelpunkt getrieben. Sobald ein Stück Wild gesichtet ist, wird laut ausgerufen und dieser Ruf pflanzt sich im Kreis entlang weiter in der Richtung, in der das geängstigte Tier auszubrechen versucht. Die Wurfspeere fliegen, um allerdings in den meisten Fällen nebenbei zu gehen. Hat aber einer der Jäger ein Stück Wild erlegt, so ruft er laut aus: ‚Mamo hurra!' und gleichzeitig den Namen des Kraals, zu dem er gehört. Alle seine Kameraden aus seinem Dorf rufen ihm Glückwünsche zu. Hat ein Jäger ein Stück Wild verwundet, die Wunde mag noch so leicht sein, muß aber Blut gezogen haben, und dieses Stück Wild wird

später von einem anderen Jäger erlegt, so gehört es nicht dem, der es erlegt hat, sondern dem, der es zuerst verwundete. Der Erleger bekommt nur einen Hinterlauf.

Dasselbe trifft zu, wenn ein Hund ein verwundetes Stück Wild niederreißt. In dem Falle bekommt dann der Eigentümer des Hundes einen Hinterlauf.

Hier muß ich noch mal ein kleines persönliches Erlebnis einflechten, das mir Gelegenheit gab, diese Treibjagden besonders gut zu beobachten. Unser Bezirksamtmann war ein ausgezeichneter Schütze, aber ein sehr eifersüchtiger Jäger. Da ich bei allen Treibjagden immer die meiste Beute gemacht hatte, ließ er mich eines Tages rufen und teilte mir auf die freundlichste Weise mit, daß er es für richtig hielte, wenn ich in Zukunft nicht mehr mit der Schrotflinte, sondern nur noch mit der Büchse an den Treibjagden teilnehme. Da es sich bei unseren Treibjagden aber nur um niederes Wild handelte, Buschbock oder Rietbock war das größte, was vorkam, so benutzten wir Schrotflinten, mit denen wir in den Kreis hineinschießen konnten. Jetzt, wo ich nur die Büchse benutzen durfte, mußte ich mich außerhalb des Treibens aufhalten, um dort zu versuchen, das Wild zu erlegen, welches aus dem Kreise ausgebrochen war. Ich habe mir nun immer einen erhöhten Punkt ausgesucht, um nach allen Seiten freie Sicht zu haben. Auf

die verschiedenen getriebenen Kessel zu übersehen.

Am meisten Freude hat es mir aber gemacht, daß ich trotzdem bei den meisten Treibjagden Jagdkönig wurde.“

13

Mein Wiedersehen mit Zululand nach 30 Jahren. Reservate für Menschen und Tiere. Schwere Probleme für den jungen Zulu. Die Inder in Südafrika.

„Es war immer mein größter Wunsch, Zululand noch einmal wiederzusehen. Dieser Wunsch ging im Jahre 1931 in Erfüllung. Aber Zululand hat sich verändert. Die Zivilisation und die europäische Kultur haben das Land überrannt. Ich kam noch einmal zu meiner alten Station, die früher Lower Umfolozi, jetzt Empangeni heißt und heute zu einem kleinen Städtchen angewachsen ist. All das Land, das ich früher auf meinen Jagdausflügen durchstreifte, ist heute ein einziges Feld für Zuckerrohr. Und wie das Land, so haben sich auch die Menschen verändert. Gewiß trifft man auch heute noch Zulu, Männer und Frauen, in ihrer ursprünglichen Tracht. In Zululand gibt es große Eingeborenen Reservate. Aber es sind eben Reservate, es ist kein freies Land mehr wie früher. Damals, als ich als junger Mensch dort war, war das Land noch für europäische Siedler gesperrt. Es gab nur wenige Farmen, deren Besitzer noch von den alten Zulukönigen das Land angewiesen bekommen hatten. Damals lebte noch der weiße Zulu-Induna John Dunn in Umlalazi, ein Freund von Cetewayo, der ihm nicht nur ein großes Stück Land geschenkt, sondern ihm auch für die geleisteten Dienste zum Induna gemacht hatte. Da war noch Colenbrander, der die Zuluarmeen im Kriege der Königspartei gegen die Aufständischen geführt hatte, und viele andere Weiße, die so eng mit den Zulu verwachsen waren, daß sie lieber in deren Gesellschaft als in der ihrer Landsleute lebten. Alle diese Alten sind tot. Sie konnten noch erzählen, hatten noch etwas erlebt.

Manch neuer Siedler in Zululand, den ich auf meiner Fahrt traf und dem ich erzählte, daß ich schon im Jahre 1898 hier gelebt hatte, sah mich erstaunt an, für ihn war sogar ich schon ein alter Afrikaner, der ich mir selbst doch in jenen Jahren und auch heute noch immer als Anfänger vorkomme.

Die jungen Zulu, die heute heranwachsen, stehen vor schweren Problemen. Sie sind lernbegierig und wissen, daß ihnen nur eine Möglichkeit des Weiterkommens geboten wird, wenn sie sich ein umfangreiches Wissen angeeignet haben. Eine ganze Reihe von Schulen und sogar eine Universität sorgt für die Fortbildung der Jugend. Was kann ihnen aber für ihre Zukunft die Schule bieten? Es ist augenblicklich ein schwerer Kampf zwischen Weiß und

Schwarz im Gange, von dem man äußerlich natürlich nichts merkt. Beide kämpfen verbissen um ihre Rechte, beide haben recht und vielleicht auch unrecht.

Der Eingeborene in Südafrika ist in der überwiegenden Mehrheit, aber der Kopf, das Gehirn des Landes bleibt doch heute noch der weiße Eindringling. Ein junger Zulu, der seine Universitätsstudien, sei es im Lande selbst oder im Ausland, mit Erfolg beendet, findet schwer eine Anstellung, die seinem Wissen und seinen Wünschen entspricht. Und auch dem einfachen jungen Menschen, der ein Handwerk erlernt hat, sind viele Berufe versperrt. Bei allen seinen Bemühungen, weiter zu kommen, stößt er auf ein Gesetz, das ‚colour bar' genannt wird, ein Gesetz, durch das Farbige von bestimmten Berufen ausgeschlossen werden. Es scheint, als ob dies Gesetz bei den im Jahre 1948 stattgefundenen Wahlen noch eine Verschärfung erfahren hat.

Wenn man mit diesem Gesetz gegen das, was ein südafrikanischer Minister ‚die schwarze Springflut' nennt, die die weiße Zivilisation zu überschwemmen und auf ihre Weise mitzureißen droht, ankämpfen will, so muß man sich doch darüber klar sein, daß dieser Damm eines Tages brechen wird. Es muß ein Weg gefunden werden, der es ermöglicht, daß Schwarz und Weiß in Afrika friedlich nebeneinander leben.

In Südafrika hat sich noch zwischen Schwarz und Weiß ein drittes Element eingeschoben, das heute ein wichtiger Faktor in Afrika, von Kapstadt bis Kairo geworden ist. Es sind dies die Inder, die eine ganz bedeutende wirtschaftliche Machtstellung errungen haben. Die indische Nationalbewegung hat auch auf die afrikanischen Inder, von denen ein großer Prozentsatz Indien nie gesehen hat, ihre Wirkung nicht verfehlt. Die Inder stellen nun leider keineswegs ein Bindeglied zwischen Schwarz und Weiß dar, sondern man kann sie viel eher als einen Trennungsstrich bezeichnen. Wenn die südafrikanische Regierung sich gegen die Einwanderung der Inder sträubt, so tut sie das nicht nur im Interesse der weißen Bevölkerung, sondern auch im Interesse der Eingeborenen. Denn es sind die Inder, die in Süd- und Ostafrika die Posten bekleiden, die eigentlich dem gebildeten oder gelernten afrikanischen Eingeborenen zustehen müßten. Während in Westafrika in allen Regierungsstellen, herauf bis zum obersten Richter, Eingeborene des Landes sitzen und diese Stellen vollkommen ausfüllen, haben sich in Süd- und Ostafrika die Inder, also auch Fremde, eingeschoben. In Westafrika haben die Eingeborenen seit langen Jahren Mitbestimmungsrecht.

Es liegt sicher eine gewisse Gefahr darin, wenn Schwarze als Richter über Weiße zu Gericht sitzen müssen, denn ob sie immer in der Lage sind, ein wirklich unparteiisches Urteil zu sprechen, kann nicht mit Sicherheit angenommen werden. Damit soll gar nicht behauptet werden, daß das Urteil im Falle zwischen Schwarz und Weiß immer zugunsten des Schwarzen ausfällt. Im Gegenteil, es ist sehr wohl möglich, daß ein schwarzer Richter, der wirklich das Beste will, gegen den Weißen eine gewisse Unsicherheit fühlt und aus diesem Grunde gegen seinen eigenen Stammesgenossen urteilt.

Ein anderer Weg muß gefunden werden, denn Schwarz und Weiß müssen in Afrika zusammen leben. Kein kluger Eingeborener will, daß die Weißen Afrika verlassen. Ich habe mit hunderten von eingeborenen Häuptlingen über dieses Thema gesprochen. Sie alle haben betont, daß sie die Weißen brauchen und in ihrem Lande haben wollen, andererseits ihre Rechte als Ureingesessene gewahrt sehen wollen.

Ich glaube und hoffe, daß die Zulu als einer der höchststehenden farbigen Stämme Afrikas eine Rolle in der Entwicklung Afrikas spielen werden. Der vor ihnen liegende Weg wird dornig sein, sie werden schwere Kämpfe zu bestehen haben, die sie aber heute nicht mehr mit dem Assegai, sondern mit dem Geist auskämpfen müssen. Daß sie dazu in der Lage sind, haben sie in vielen Fällen bewiesen.

Wenn man die Fragen abwägt, die einem von jungen Zuluschülern gestellt werden, und sie mit Fragen vergleicht, die einem europäische Freunde unterbreiten, so muß man sich in Ehrlichkeit sagen, daß die Zulu ‚denken'!

Es ist eine allgemein bekannte Tatsache, daß Kinder der afrikanischen Eingeborenen in der Schule schnellere Fortschritte machen, als europäische Kinder, aber nur bis zu einem bestimmten Zeitpunkt, bis zum Beginn der Pubertät. Es scheint aber, als wenn die Zulu, die die Universität besuchen, diese Barriere niedergebrochen und ihre Fortschritte im Studium vollkommen dem europäischen Studenten angepaßt haben. Alles dies ist natürlich heute noch ein Experiment. Und es ist fraglich, ob Weiße oder Schwarze überhaupt einen Begriff davon haben, wie dieses Experiment enden mag. Aber etwas muß getan werden, und nur durch Bildung kann der Zulu oder jeder andere Eingeborene Afrikas dorthin gelangen, wo er eines Tages hingelangen muß, nämlich in Stellungen, die ihm eine Mitregierung seines eigenen Landes, seiner Urheimat sichern.

Von ganzem Herzen wünsche ich meinen Zulufreunden, daß bald der Tag kommen mag, an dem sie als vollberechtigte Mitglieder ihrer Heimat zum Wohle aller arbeiten können.

Jetzt will ich nur das noch wiederholen, was ich im Jahre 1930 geschrieben habe: ‚Afrika darf weder für Schwarz, noch für Weiß, sondern muß für alle eine Heimat sein!"

14

Verschiedene Ansichten über Afrika.
Können Bücher einen richtigen Eindruck vermitteln?
Film im Dienste der Völkerverständigung.
Jeder müßte die Welt kennen lernen.

„Nun habe ich Ihnen in großen Zügen die Geschichte der Zulu erzählt und habe gleichzeitig versucht, Ihnen einen Einblick in das Leben, die Sitten und Gewohnheiten dieses interessanten und edlen Negerstammes zu geben. Es läßt sich vieles aus dieser Geschichte herauslesen, das auch gerade Ihnen von Nutzen sein kann, falls Sie einmal tatsächlich nach Afrika kommen.

Ich fürchte nur, daß Sie mit der Skepsis der heutigen, so bitter enttäuschten Jugend, die Schultern zucken und innerlich denken werden: ‚Erzählen kann man uns viel, stimmt es aber auch?‘ Sie haben recht, aber ich bitte Sie zu bedenken, daß ich gleich am Anfang gesagt habe, ich sehe Zululand und seine Bewohner mit den Augen eines Liebenden und färbe daher meine Erzählung leicht zu rosig. Da ich das aber weiß, habe ich mir Mühe gegeben, alles so sachlich wie nur möglich darzustellen, selbst auf die Gefahr hin, daß dadurch meine Schilderung etwas an Farbe und Lebendigkeit verlieren könnte.

Wie verschieden zwei Menschen ein Land und seine Bewohner beurteilen können, dafür will ich Ihnen noch ein Beispiel geben. Auf meiner ersten Filmexpedition nach dem Kriege 1914—18 nahm ich unter anderem einen mir seit langem bekannten Filmschauspieler mit. Er war ein frischer, tüchtiger Mensch und in der Stummfilmzeit als verwegener Sensationsdarsteller bekannt. Ich war glücklich, wieder in Afrika zu sein, meine Kameraden fühlten sich wohl und nahmen alle die neuen Eindrücke dankbar auf. Nur der, den ich als den geeignetsten für Afrika angesehen hatte, fühlte sich hundsunglücklich und verfluchte das Land und seine Bewohner, so daß er uns mit seinen törichten Reden auf die Nerven fiel. Eines Tages kam es dann zu dem langerwarteten Krach, bei dem ich ihm gründlich, und ich fürchte nicht gerade höflich, meine Meinung sagte. ‚Ich halte es nicht aus in diesem Sauland, ich nehme mir das Leben!', sagte er wütend. ‚Na schön', entgegnete ich und wandte mich an unsern grinsend dabei sitzenden Kameramann, ‚Paul, mach' die Kamera fertig, da bekommen wir gleich eine schöne Schlußaufnahme!' Mit den Worten: ‚Nicht mal ernst nehmen Sie mich', stürzte der Schauspieler aus dem Zimmer, aber die schöne Schlußaufnahme haben wir nicht bekommen. Sie sehen also, daß sich noch lange nicht jeder in Afrika wohl fühlt!

Es ist gut, Bücher über ein fremdes Land zu lesen, selbst wenn man den Schilderungen der Reisenden leider oft mit Recht skeptisch gegenübersteht, dasselbe gilt für Vorträge. Wie skeptisch mir die Mitbürger meines Heimatortes einst gegenüberstanden, dafür folgende kleine Anekdote.

Als ich 1910 von meiner achtjährigen Afrikadurchquerung nach Hause zurückgekehrt war, sollte ich in meinem Heimatort Bergedorf bei Hamburg einen Vortrag halten. Zwei alte Bergedorfer treffen sich. Sagt der eine: ‚Hast Du schon gehört, der Hans Schomburgk will hier einen Vortrag halten, gehst Du hin?' ‚Nee', sagt der andere voller Überzeugung, ‚det Aas kenn ich, de lücht doch!' Ja, ja, der Prophet gilt nichts im eigenen Vaterland. —

Pestalozzi hat mal dem Sinne nach gesagt: ‚Anschauung ist der beste Unterricht'. Heute haben wir hierfür den Film, der berufen ist, uns den besten Unterricht über fremde Länder und Völker zu geben. Ist aber der Film immer wahr? Übermittelt er uns selbst im Kultur- und Reisefilm, im Dokumentfilm, wie man ihn in England und Amerika treffend nennt, wirklich einen ungeschminkten Tatsachenbericht? Versucht er nicht zu oft, aus krassen Geschäftsgründen Sensationen auf Kosten der Wahrheit einzuschmuggeln? Leider, leider habe ich hierfür eine beträchtliche Anzahl von Beispielen.

Es gibt nur eins, das nicht trügt: ‚mit eigenen Augen sehen'. Ich wünsche Ihnen, daß Sie reisen können. Wenn es heute auch noch nicht geht, so wird für die Jugend doch wieder der Tag kommen, an dem die Schranken fallen werden und auch uns die schöne weite Welt wieder offen stehen wird. ‚Sich gegenseitig kennen und verstehen lernen, das ist das Ausschlaggebende für Völkerverständigung und den Weltfrieden.'

Wissen Sie, wie es in meinen Utopien zugehen würde? Da würde jeder junge Mensch zwei Jahre eingezogen, aber nicht, um mit dem Assegai oder irgendeiner anderen Mordwaffe ausgebildet zu werden, sondern er müßte eine Weltreise machen, um möglichst viele Völker der Erde kennen zu lernen, dann würde er sie verstehen und einsehen, daß wir keinen Anlaß zum Dünkel haben, sondern Menschen unter Menschen sind, er würde den Unsinn aller Rassentheorien begreifen, er würde ein tapferer Soldat werden, der mit dem wahren Mut des Glaubens an die Gleichheit der Menschen für die Verständigung und den Frieden zwischen allen Völkern kämpfen würde.

Jeder müßte seine Weltreise alleine machen, nicht in einer geführten Herde, die niemals in der Lage ist, in das innerste Geheimnis eines Landes vorzudringen, in das den Fremden nur eine Freundeshand führen kann, aber nur der einzelne ist imstande, in der Fremde wirklich einen Freund zu finden.

Nun glauben Sie bitte nicht, daß ich ein blasser Heiliger bin, der nicht selbst einen kräftigen Fluch zu schätzen weiß. Ich war in meinem bewegten Leben Polizeireiter, Cowboy, Droschkenkutscher, Rennreiter, Artist im Zirkus, ich habe in Rhodesia sechs Maultiere vor meinem zweirädrigen Karren gehabt, bin mit dem Ochsenwagen mit achtzehn eingespannten Ochsen gereist, war Elefantenjäger und drang als Forscher in manch unbekanntes Gebiet ein und da können Sie sich wohl vorstellen, daß ich manchmal meinem übervollen Herzen durch einen kräftigen Fluch Luft gemacht habe. Schimpfen ist ein gutes Ventil, aber auch in der Wahl seiner Schimpfworte soll der Mensch vorsichtig sein. Nationennamen und Rassebezeichnungen als Schimpfworte zu gebrauchen ist dumm und geschmacklos. Schimpfen Sie also ruhig, das gehört nun mal zum Leben eines jeden jungen Menschen, schimpfen Sie, aber sagen Sie nie wieder

‚Du Zulukaffer'."

Wichtige Zuluworte,
übersetzt und erläutert,
finden Sie auf den nächsten Seiten.

abatagati: Zauberer

Abatetwa: Zulustamm

amangceba: Körbchen zur Bedeckung der Eichel des männlichen Gliedes

amanzi: Wasser

Ama-Zulu: Söhne des Himmels

Assegai: Der kurze Stoß-Speer der Zulu

Bantu: Mensch

Bayete: Königsgruß

Bulala abatagati: „Erschlagt die Zauberer!"

dinusile: müde machen

Idhloz: Geist

Impi: Regiment

impunzi: Duiker-Steinböckchen

incomboco: Ausriechen

incomboco umhlato umkulo: großes Ausriechen

incegu: Bote

Induna: Häuptling

Intombi: Mädchen

Inyanga: Doktor

Inyanga vokubaza: Tischler, Doktor, der Holz verarbeitet

Inyanga yokwaka izicatulo: Schuhmacher, Doktor, der Schuhe arbeitet

isicoco: Harzring im Haar

isicolo: Haaraufbau

Isangoma: Hellseher

isepaqua: Kerze (Schomburgk's Zulu-Name)

isingua: Leopard

izinkata: Graskranz

lobola: Heiratsgut

Lower Umfolozi, jetzt Empangeni: Station

Mamo hurra: Ausruf beim Erlegen eines Stück Wildes auf der Treibjagd

Matabili: Ursprungsstamm der Ama-Zulu

mudscha: Schürze des Mannes

Pitso: Volksrat

Sagabona (Ngi za ku bona): „Ich sehe dich schon"

Ulundi: Hauptkraal des Zululandes

umkosi umkulu: großer König

Umkungunhlovo: Name des alten Königskraals (Umkungunschlowo)

Umlalazi: Ort in Süd-Zululand

Unkulunkulu: Gott, „Der ganz Große"

unomkubulwana: Himmelsprozession

Anmerkung:

In der Zulusprache sind die Buchstaben x und c Schnalzlaute.

Gesamtherstellung von Druck- und Verlagsanstalt H. Wigankow, Berlin N 65.
Die Umschlagzeichnung besorgte Heinz Hübner. Die Illustrationen zeichnete
Heinrich von Medvey.

GPSR Compliance

The European Union's (EU) General Product Safety Regulation (GPSR) is a set of rules that requires consumer products to be safe and our obligations to ensure this.

If you have any concerns about our products, you can contact us on ProductSafety@springernature.com

In case Publisher is established outside the EU, the EU authorized representative is:

Springer Nature Customer Service Center GmbH
Europaplatz 3
69115 Heidelberg, Germany

Batch number: 10577917

Printed by Printforce, the Netherlands